理工科电子信息类DIY系列丛书

硬件描述语言

实验教程

曲　波　黄　旭
胡丹峰　黄秋萍　编著

苏州大学出版社

图书在版编目(CIP)数据

硬件描述语言实验教程/曲波等编著. —苏州：苏州大学出版社，2013.4

(理工科电子信息类DIY系列丛书)

ISBN 978-7-5672-0468-3

Ⅰ.①硬… Ⅱ.①曲… Ⅲ.①硬件描述语言—高等学校—教材 Ⅳ.①TP312

中国版本图书馆CIP数据核字(2013)第062358号

内容简介

本书为硬件描述语言VHDL和Verilog HDL的配套实验指导书。全书分为三个部分：第一部分是QuartusⅡ的入门向导；第二部分介绍了组合电路和时序电路中典型电路的设计；第三部分为综合设计型实验。附录部分给出了两种实验教学系统的使用说明及MAX+plus Ⅱ和ispEXPERT的使用指导。

书中的每一个实验都有明确的实验目的、任务和要求，并且给出了一种设计提示。本书既可作为学习硬件描述语言VHDL和Verilog HDL的上机操作指导书，也可作为学习VHDL和Verilog HDL语言的参考书，还可作为教师的参考书。

硬件描述语言实验教程

曲波　黄旭　胡丹峰　黄秋萍　编著

责任编辑　苏　秦

苏州大学出版社出版发行

(地址：苏州市十梓街1号　邮编：215006)

常熟高专印刷有限公司印装

(地址：常熟市元和路98号　邮编：215500)

开本 787 mm×1 092 mm　1/16　印张 12　字数 292 千

2013年4月第1版　2013年4月第1次印刷

ISBN 978-7-5672-0468-3　定价：29.00元

前　言

随着现代电子技术的迅速发展,数字系统的硬件设计正朝着速度快、体积小、容量大、重量轻的方向发展。推动该潮流迅猛发展的就是日趋进步和完善的 ASIC 技术。目前,数字系统的设计可以直接面向用户需求,根据系统的行为和功能要求,自上而下地逐层完成相应的描述、综合、优化、仿真与验证,直至生成器件系统。其中绝大部分设计过程可以通过计算机自动完成,即电子设计自动化(Electronic Design Automation,EDA)。

目前 EDA 技术在电子信息、通信、自动控制和计算机技术等领域发挥着越来越重要的作用,为了适应 EDA 技术的发展和高校的教学要求,我们重新编写了 EDA 的实验教程,教程突出了 EDA 技术的实用性,以及面向工程实际的特点和学生自主创新能力的培养。

EDA 是数字电路的后续课程,为了更好地和数字电路衔接,我们分两章介绍了组合电路和时序电路中典型电路的设计,考虑到 Verilog 语言的用户需求和高校有的专业 EDA 课程选用 Verilog 语言作为硬件描述语言的教学内容,这两章的每个实验都给出了完整的 VHDL 和 Verilog HDL 两个参考程序,通过这些实验读者能够掌握 VHDL 或 Verilog 语言的一般编程方法、硬件描述语言程序设计的基本思想和方法,尽快进入 EDA 的设计实践阶段,熟悉 EDA 开发工具和相关软硬件的使用方法。

本书的第 4 章给出了 15 个综合设计型实验,这些实验涉及的技术领域宽,而且具有很好的自主创新的启示性,每个实验都给出了一个设计提示和参考方案,这些方案只是许多方案中的一种,仅供参考,读者可以自己设计其他方案。通过这些实验,读者能够掌握模块化程序设计的思想和方法,提高分析问题和解决问题的能力。

利用硬件描述语言设计电路完成后,必须借助 EDA 的工具软件才能使此设计在 FPGA 上完成硬件实现,并得到硬件验证。为了让读者快速掌握 EDA 工具软件的使用,本书的第 1 章 Quartus Ⅱ 的入门向导,介绍了 Quartus Ⅱ 的使用方法,使用的版本是 Quartus Ⅱ 9.0。读者只要根据书中的步骤,就能掌握包括设计输入、综合、适配、仿真和编程下载的方法。考虑到有的学校和专业使用 MAX + plus 作为 EDA 的工具软件,书中的附录部分给出了 MAX + plus Ⅱ 10.0 的使用方法,读者可以参考 MAX + plus Ⅱ 10.0 中工具条的使用,因为 Quartus Ⅱ 向下兼容 MAX + plus Ⅱ 10.0,它们的工具条的作用是一样的。

书中的所有实验都通过了 EDA 工具的仿真测试并通过 FPGA 平台的硬件验证,每个实验都给出了详细的实验目的、实验原理或设计说明与提示以及实验报告的要求,教师可以根据学时数、教学实验的要求以及不同的学生对象,布置不同任务的实验项目。

本书在编写过程中引用了诸多学者和专家的著作和研究成果,在这里向他们表示衷心的感谢。由于作者水平有限且时间仓促,错误和不当之处在所难免,敬请读者不吝赐教。

编　者

2013 年 4 月

目录

第 1 章　Quartus Ⅱ入门向导

Quartus Ⅱ软件的操作顺序如下：

编辑 VHDL 程序（使用 Text Editor）；

编译 VHDL 程序（使用 Complier）；

仿真验证 VHDL 程序（使用 Waveform Editor、Simulator）；

进行芯片的时序分析（使用 Timing Analyzer）；

安排芯片脚位（使用 Floorplan Editor）；

下载程序至芯片（使用 Programmer）。

下面以 4 位二进制计数器和七段译码为例介绍 Quartus Ⅱ VHDL 文件的使用方法，使用的版本是 Quartus Ⅱ9.0。

1.1　建立工作库文件夹和编辑设计文件

1. 新建文件夹。

可以利用 Windows 的资源管理器新建一个文件夹，如“d：\edaexe”，文件夹不能用中文名，不能建在桌面，也不要建在 C 盘。

2. 创建工程。

执行“File→New Project Wizard”命令，如图 1.1 所示，建立工程，工程名可直接用文件的实体名，如图 1.2 中的“top”，然后单击“Finish”按钮。

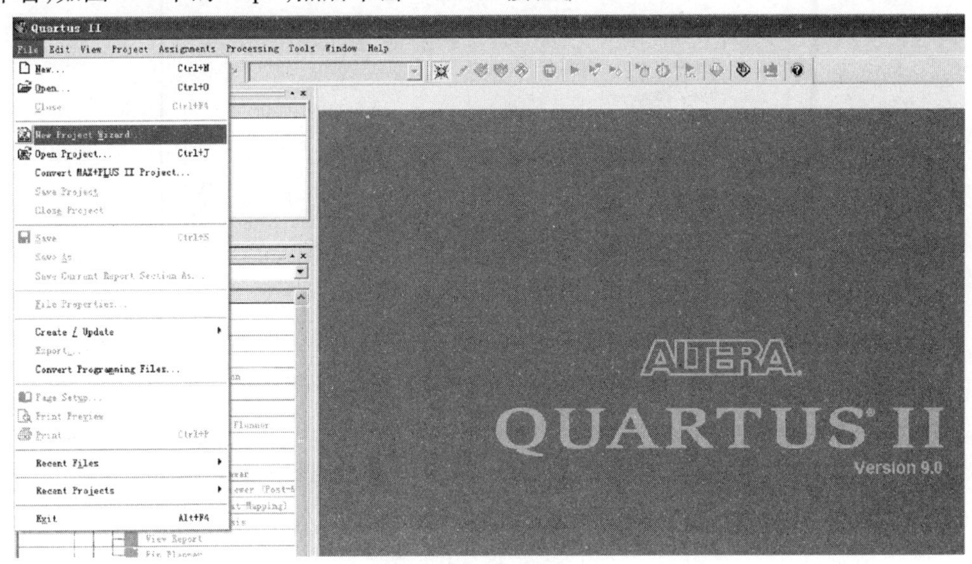

图 1.1　创建工程

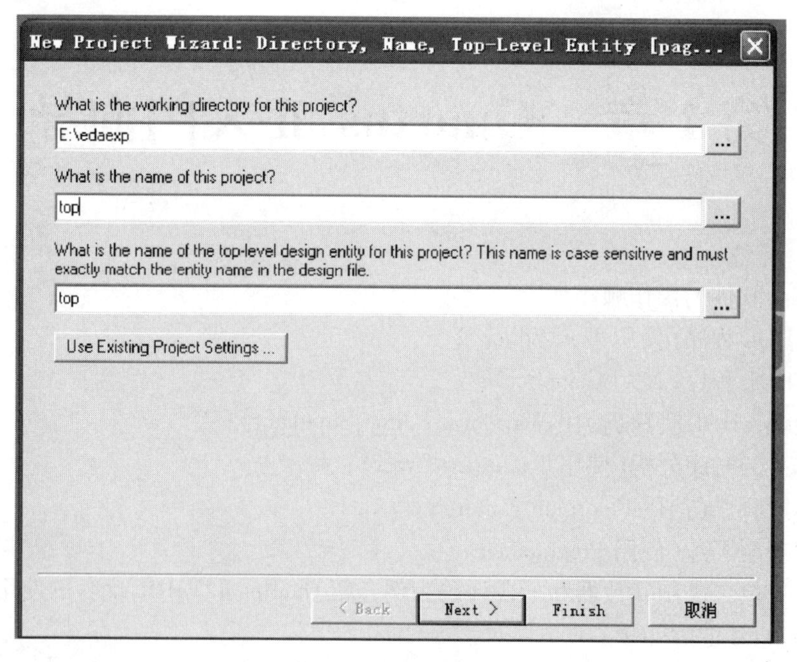

图 1.2　创建工程 top

3. 新建 VHDL 文件。

执行“File→New”命令,弹出如图 1.3 所示对话框,选择“VHDL File”。

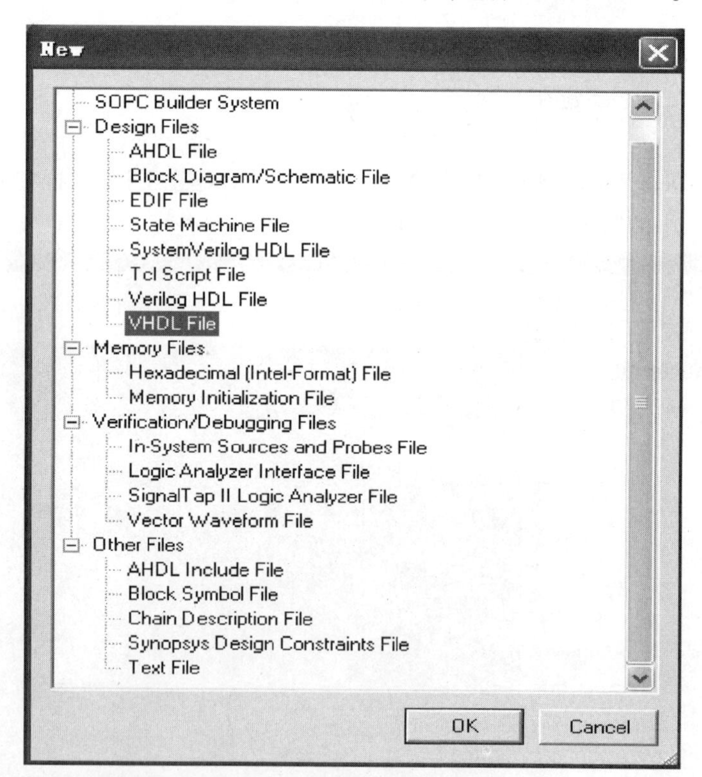

图 1.3　选择 VHDL 文件

4. 编辑 VHDL 文件。

输入 4 位二进制 VHDL 源程序：

```
LIBRARY IEEE;
USE IEEE.STD_LOGIC_1164.ALL;
ENTITY CNT4 IS
    PORT (CLK : IN STD_LOGIC;
         Q :  BUFFER INTEGER RANGE 0 TO 15  );
    END CNT4;
ARCHITECTURE behav OF CNT4 IS
    BEGIN
    PROCESS(CLK)
      BEGIN
       IF CLK'EVENT AND CLK = '1' THEN
          Q <= Q + 1;
       END IF;
    END PROCESS;
    END behav;
```

另存为实体名 CNT4，如图 1.4 所示。

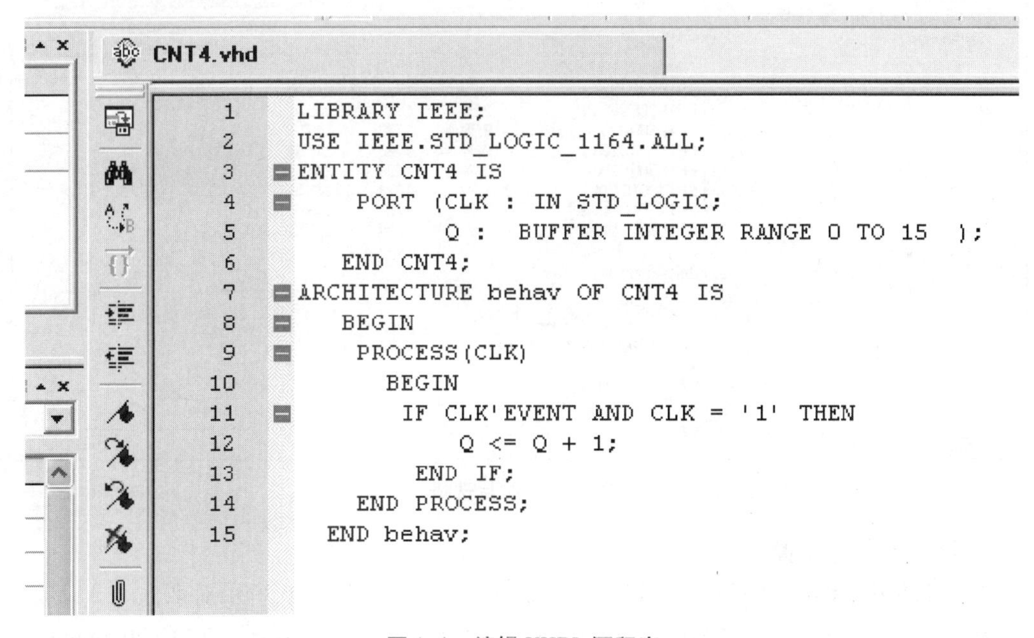

图 1.4　编辑 VHDL 源程序

1.2 编译 VHDL 文件

在对工程进行编译处理前,要进行一些相应的设置。

1. 选择 FPGA 目标芯片。

选择"Assignments→Device",选择"ACEX1K"系列"EP1K30TC144 - 3"为目标芯片,如图 1.5 所示。

目标芯片也可在创建工程的时候选择确定。

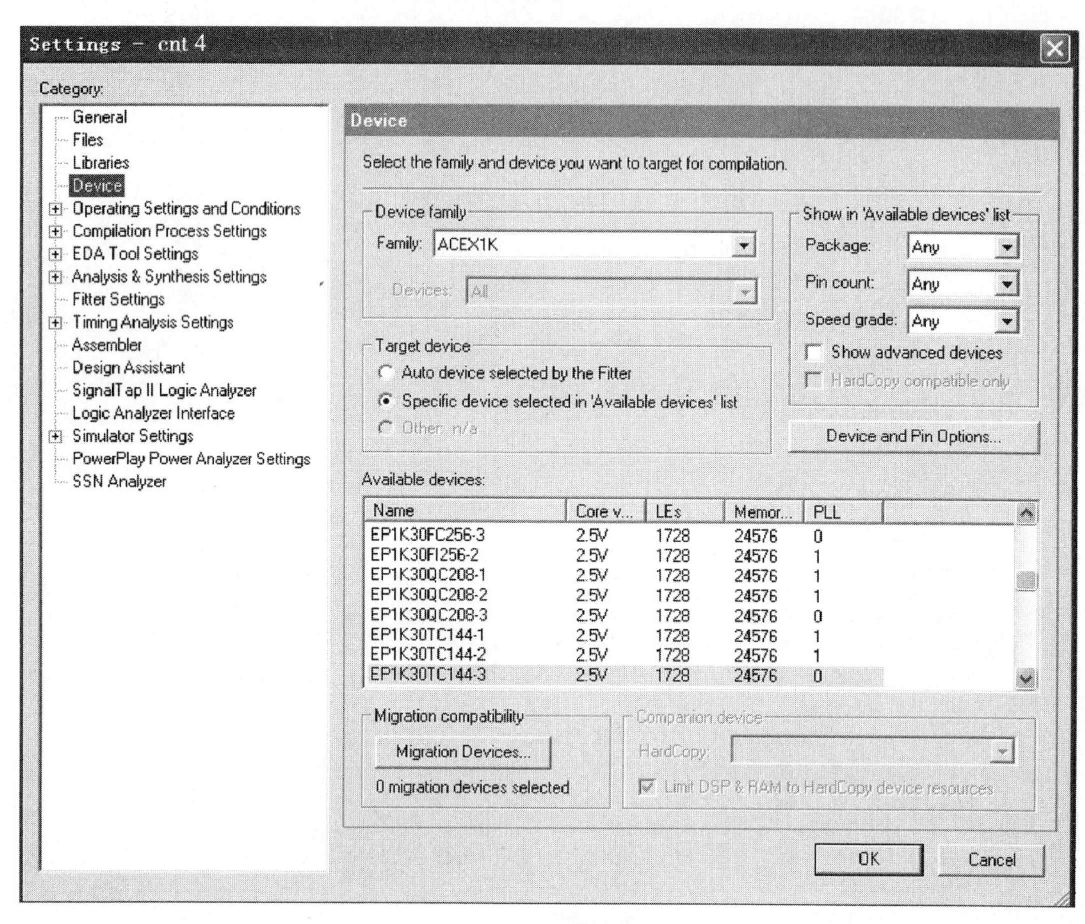

图 1.5 芯片选择

2. 器件的其他设置。

在图 1.5 中,单击"Device and Pin Options"按钮,弹出如图 1.6 所示对话框。

在"General→Options"中选择"Auto-restart configuration after error",在"Configuration"项选择"Passive Parallel Synchronous",在"Unused Pins"项选择"As Output Driving Ground"。其他可不选。

3. 选择确认 VHDL 语言版本。

在"Category→Analysis & Synthesis Settings"一栏选择"VHDL 1993",如图 1.7 所示。

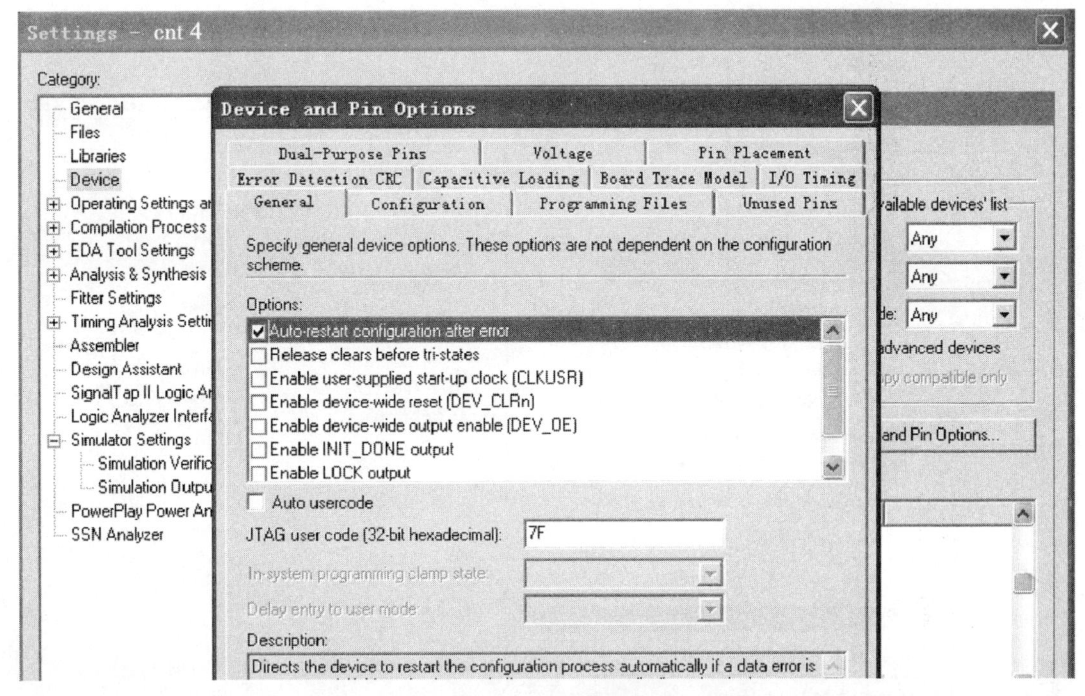

图 1.6　器件的设置

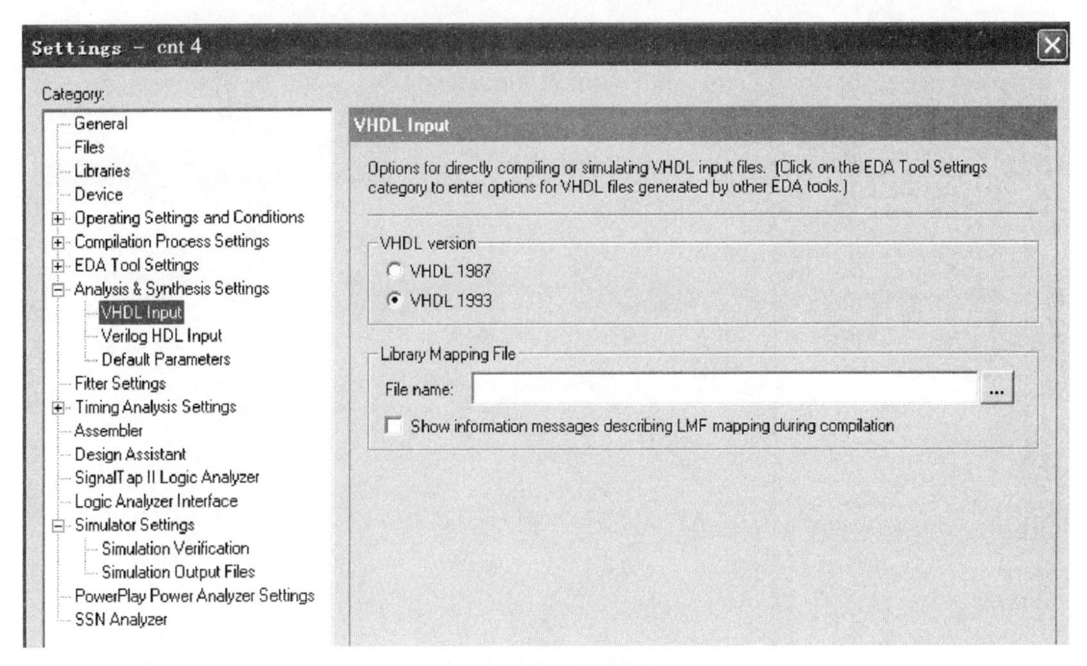

图 1.7　选择 VHDL 版本

4. 全程编译。

在全程编译前，选择“Project→Set as Top-Level Entity”命令，使当前的 CNT4 成为顶层文件，如图 1.8 所示。

选择“Processing→Start Compilation”命令，进行全程编译，编译界面如图 1.9 所示。

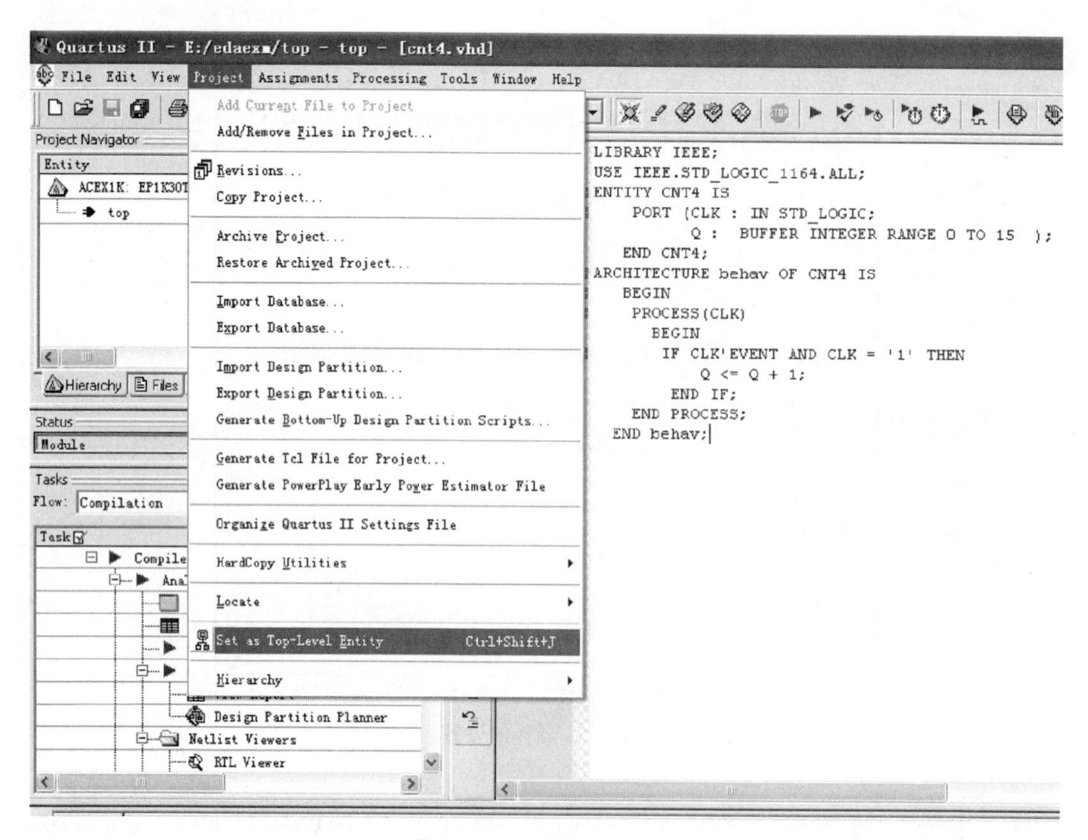

图 1.8　设置为顶层文件

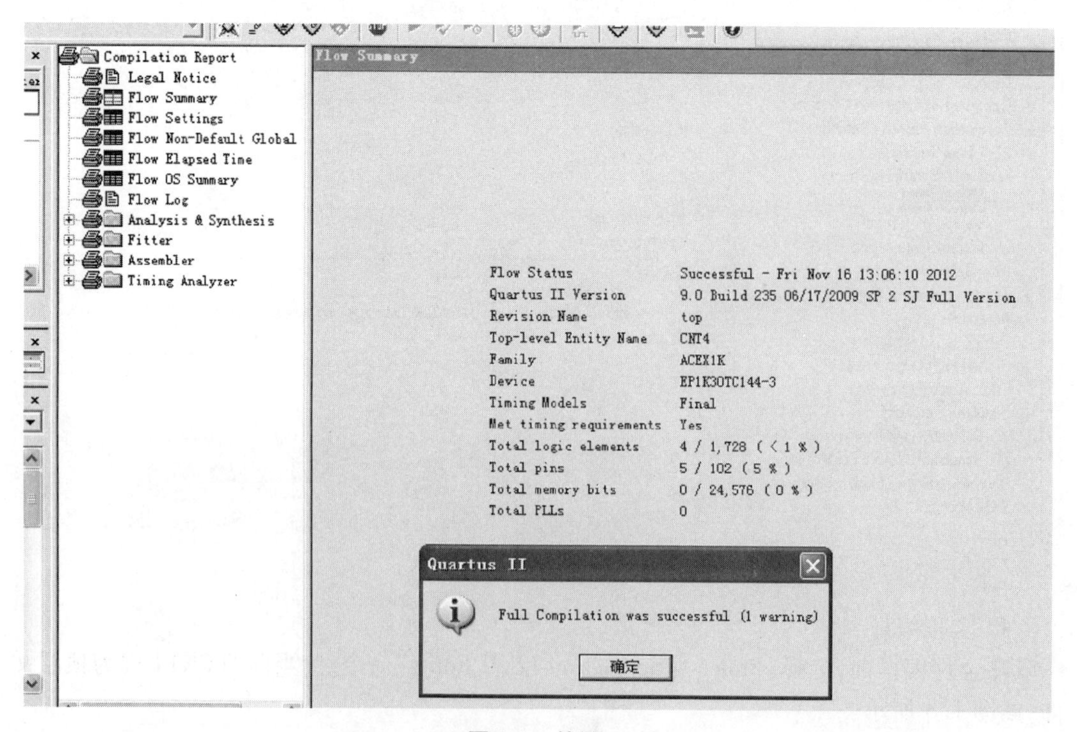

图 1.9　编译

1.3 时序仿真

1. 打开波形编辑器。

选择“File→New”命令,在“New”窗口选择“Vector Waveform File”,单击“OK”按钮,启动波形编辑器,如图 1.10 所示。

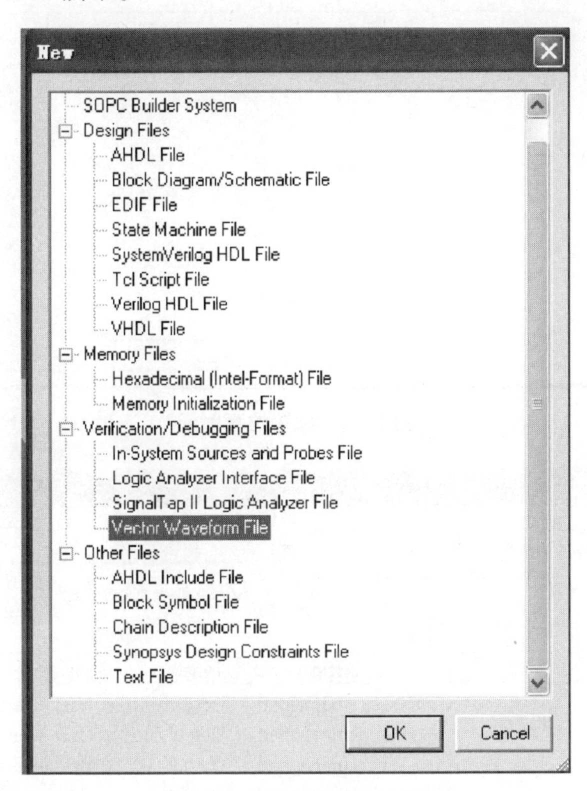

图 1.10 打开波形编辑器

2. 设置仿真时间区域。

选择“Edit→End Time”命令,打开“End Time”对话框,可设置仿真时间,如图 1.11 所示。

3. 波形文件存盘。

选择“File→Save As”命令,以默认名“cnt4. vwf”存盘。

4. 将工程 CNT4 的端口信号节点选入波形编辑器中。

选择“View→Utility Windows→Node finder”命令,弹出如图 1.12 所示对话框,在“Filter”下拉表中选择“Pins:all”,然后单击“List”按钮,于是在下方的“Nodes Found”窗口中出现 CNT4 的所有端口引脚名。

5. 将 CNT4 的端口信号节点 CLK、Q 拖入波形编辑器中,如图 1.13 所示。

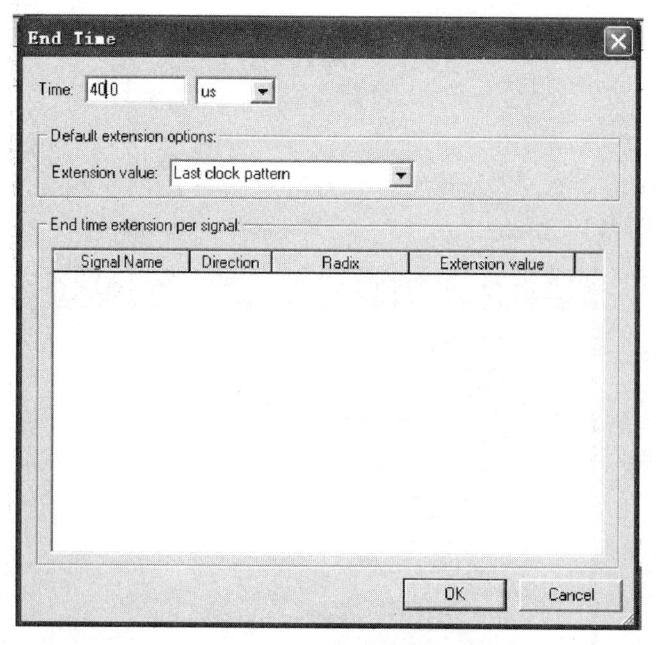

图 1.11　设置仿真时间

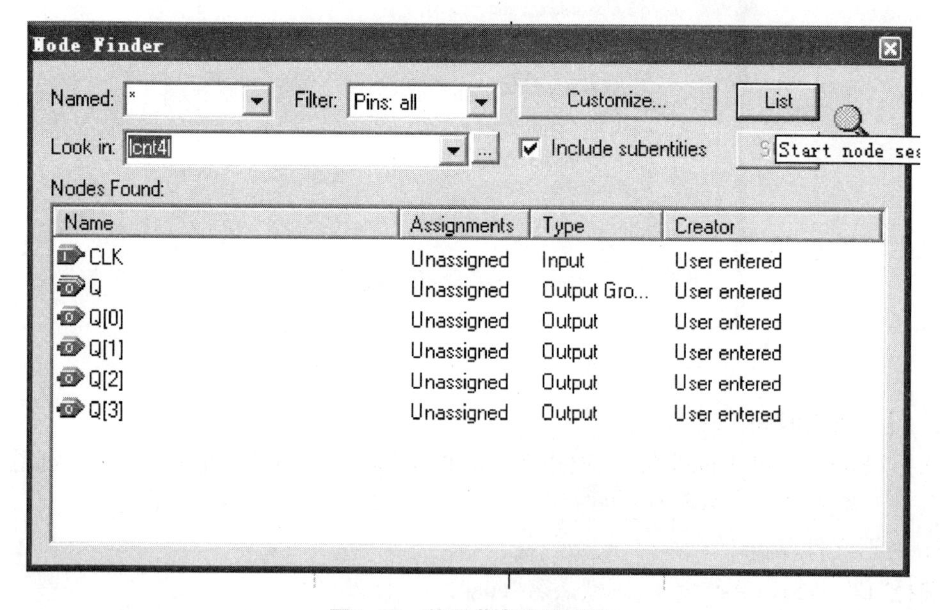

图 1.12　信号节点查询窗口

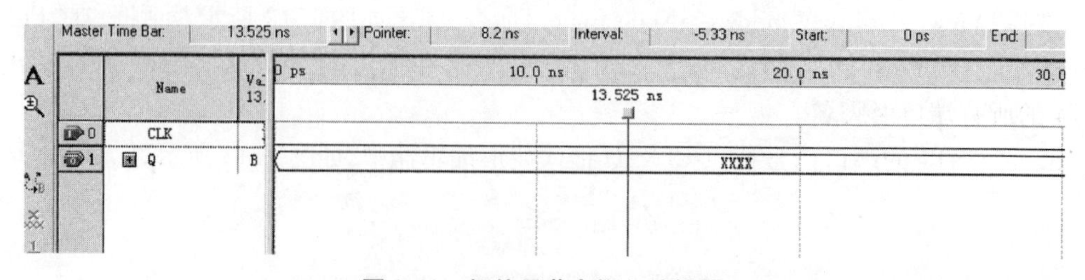

图 1.13　把信号节点拖入编辑器

6. 编辑输入波形(输入激励信号)。

单击时钟信号 CLK,使之变成蓝色条,再单击左列的时钟设置键,出现如图 1.14 所示窗口,然后存盘。

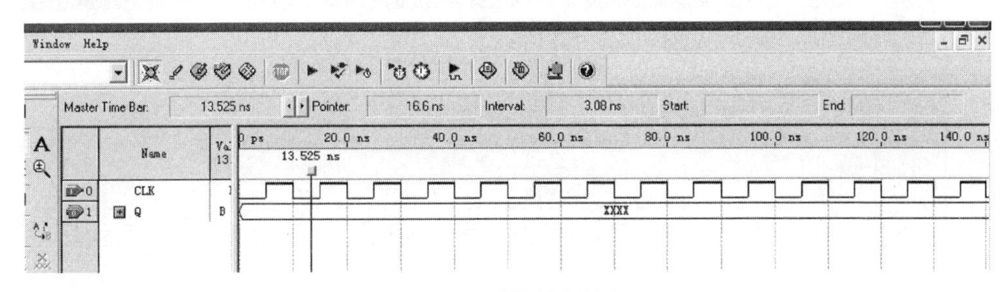

图 1.14 编辑输入信号

7. 仿真器参数设置。

选择“Assignment→Settings”命令,在“Settings - top”对话框的“Category”栏选择“Simulator Settings”,如图 1.15 所示,在“Simulation mode”中选择“Timing”。

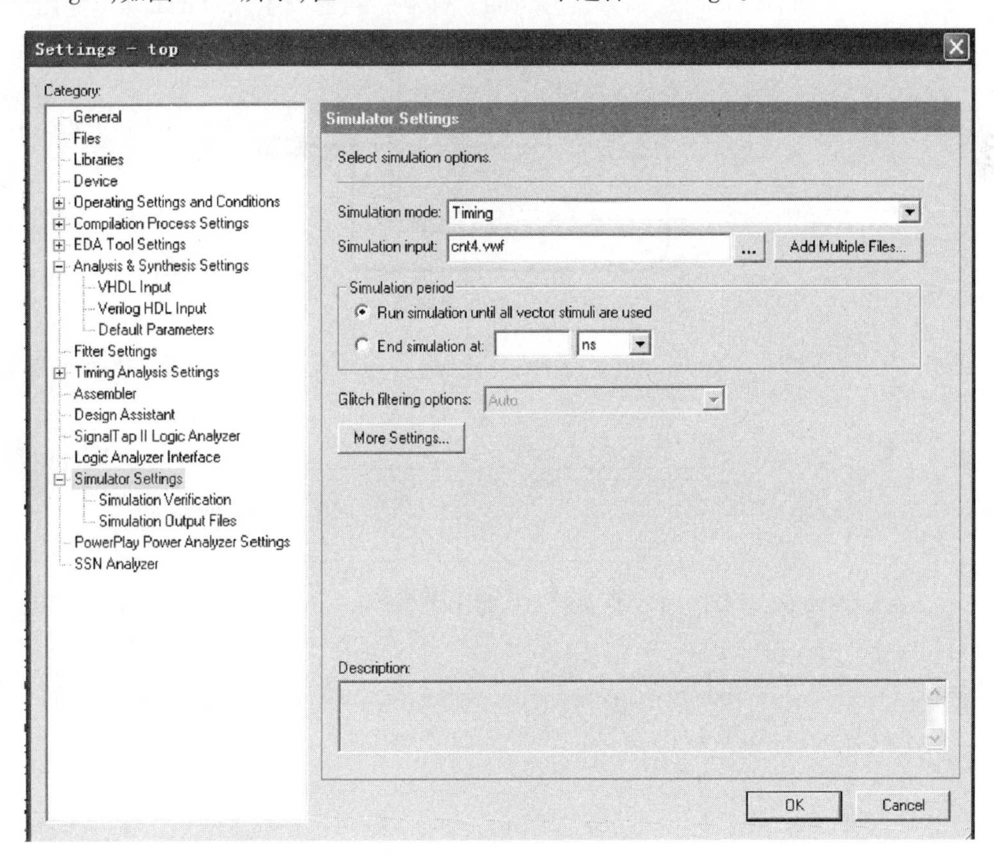

图 1.15 仿真器参数设置

8. 启动仿真器。

选择“Processing→Start Simulation”命令,出现“Simulation was successful”则仿真结束。

9. 观察仿真结果。

仿真结果如图 1.16 所示。

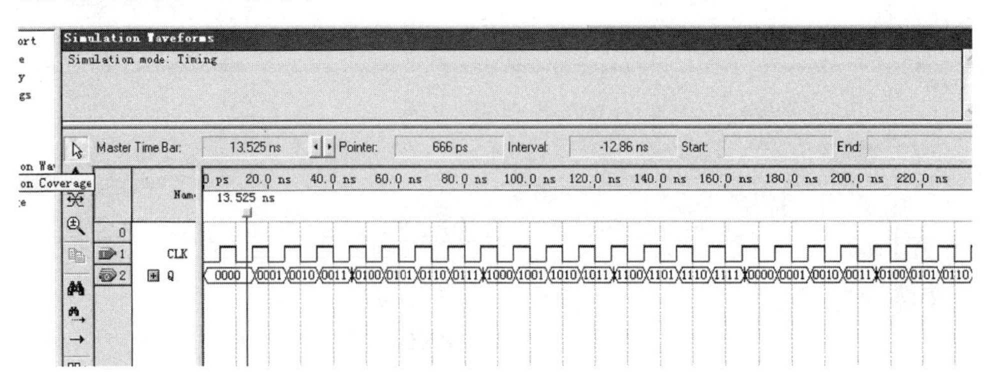

图 1.16　仿真结果

10. 应用 RTL 电路图观察器。

选择"Tool→Netlist Viewers"命令,选择"RTL Viewer"可看到生成的 RTL 级电路图形,如图 1.17 所示。

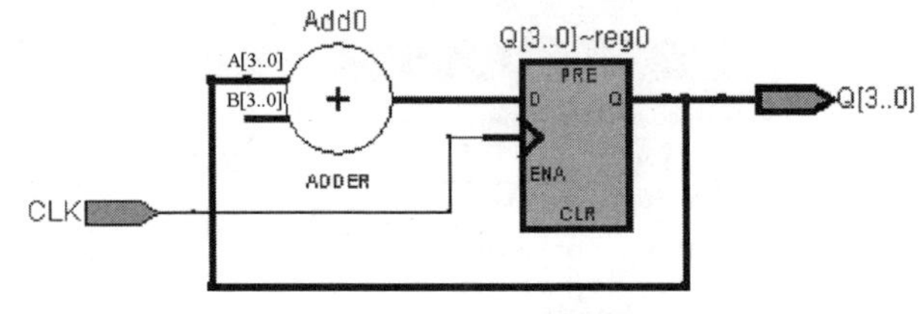

图 1.17　RTL 级电路

选择"Tool→Netlist Viewers"命令,选择"Technology Map Viewer"可看到 FPGA 底层的门级电路,如图 1.18 所示。

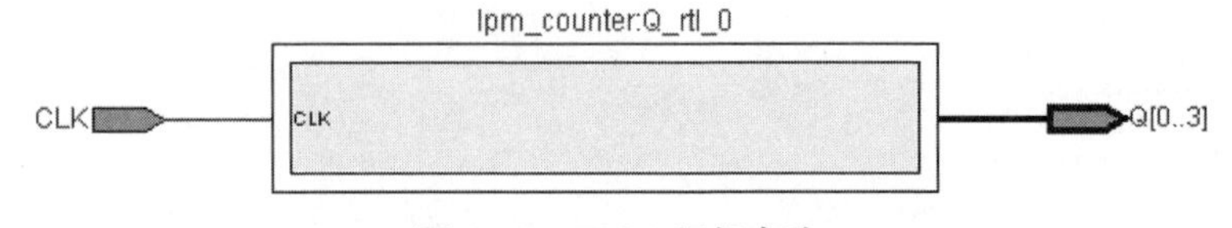

图 1.18　FPGA 门级电路

11. 创建元件。

选择"File→Create/Update→Create Symble Files for Current File"命令,把当前的 CNT4 创建为一个符号元件,如图 1.19 所示。

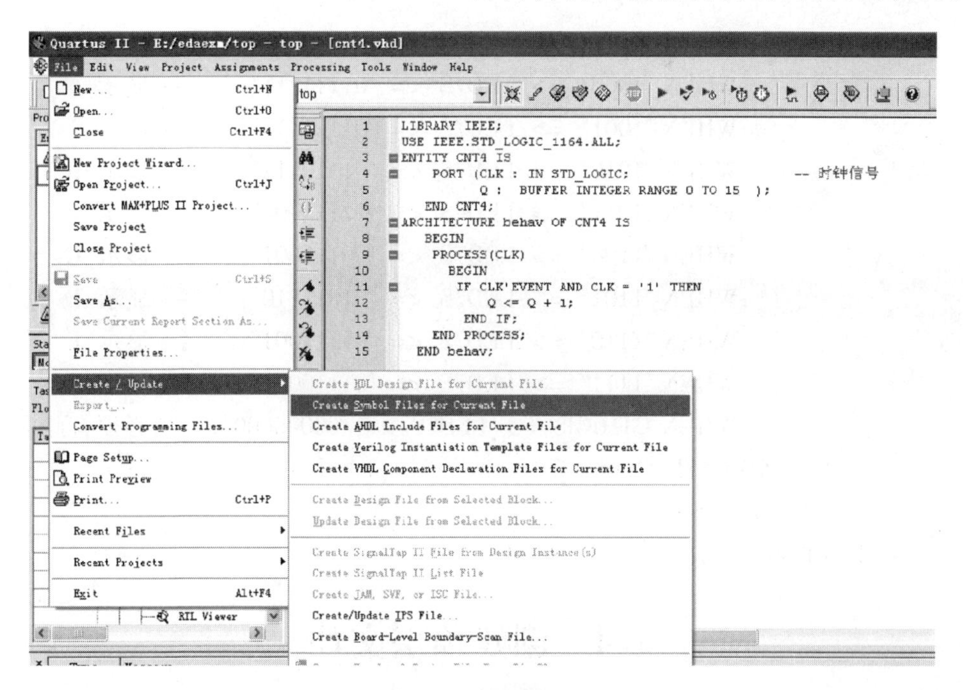

图 1.19　创建元件

12. 编辑 DECL7S 的源程序、编译和仿真。

重复 1.1 的 3 到 1.3 的 11 的过程，编辑七段译码的源程序、编译和仿真。注意把源程序 DECL7S 放入 CNT4 同一个目录中。程序如下：

```
LIBRARY IEEE;
USE IEEE.STD_LOGIC_1164.ALL;
ENTITY DECL7s IS
    PORT (a : IN STD_LOGIC_VECTOR(3 DOWNTO 0);
          LED7S : OUT STD_LOGIC_VECTOR(7 DOWNTO 0));
END DECL7S;
ARCHITECTURE behav OF DECL7s  IS
BEGIN
    PROCESS(a)
    BEGIN
        CASE a(3 DOWNTO 0) IS                                  -- 译码
电路
            WHEN "0000" => LED7S <= "00111111";     -- 显示 0
            WHEN "0001" => LED7S <= "00000110";     -- 显示 1
            WHEN "0010" => LED7S <= "01011011";     -- 显示 2
            WHEN "0011" => LED7S <= "01001111";     -- 显示 3
            WHEN "0100" => LED7S <= "01100110";     -- 显示 4
            WHEN "0101" => LED7S <= "01101101";     -- 显示 5
            WHEN "0110" => LED7S <= "01111101";     -- 显示 6
```

```
            WHEN "0111" => LED7S <= "00000111";    --显示 7
            WHEN "1000" => LED7S <= "01111111";    --显示 8
            WHEN "1001" => LED7S <= "01101111";    --显示 9
            WHEN "1010" => LED7S <= "01110111";    --显示 A
            WHEN "1011" => LED7S <= "01111100";    --显示 B
            WHEN "1100" => LED7S <= "00111001";    --显示 C
            WHEN "1101" => LED7S <= "01011110";    --显示 D
            WHEN "1110" => LED7S <= "01111001";    --显示 E
            WHEN "1111" => LED7S <= "01110001";    --显示 F
            WHEN OTHERS  => LED7S <= "00000000";  --必须有此项
        END CASE;
    END PROCESS;
END behav;
```

1.4 创建顶层文件

下面用图形法创建顶层文件。

在 Quartus Ⅱ平台上，使用图形编辑输入法设计电路的操作流程包括编辑、编译、仿真和编程下载等基本过程。用 Quartus Ⅱ图形编辑方式生成的图形文件的扩展名为"gdf"或"bdf"。

1. 执行"File→New"命令，弹出如图 1.20 所示对话框，选择"Block Diagram/Schematic File"。

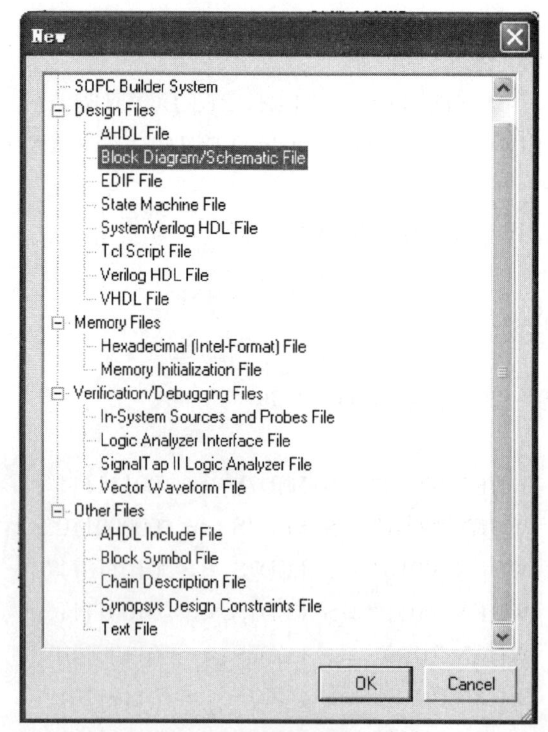

图 1.20 创建图形文件

2. 选择元件。

在原理图编辑窗中的任何一个位置上双击鼠标的左键或单击右键选择“Insert→Symbol”，如图 1.21 所示，将跳出一个元件选择窗口，如图 1.22 所示。

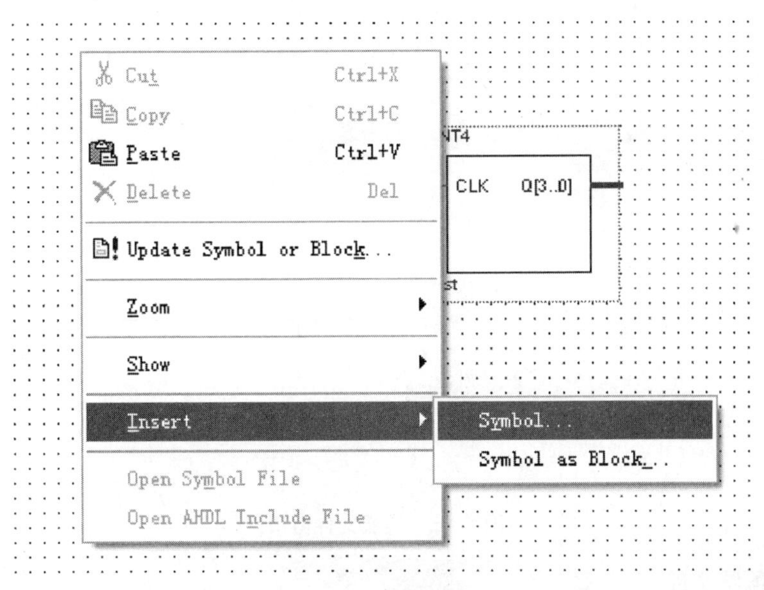

图 1.21　元件选择

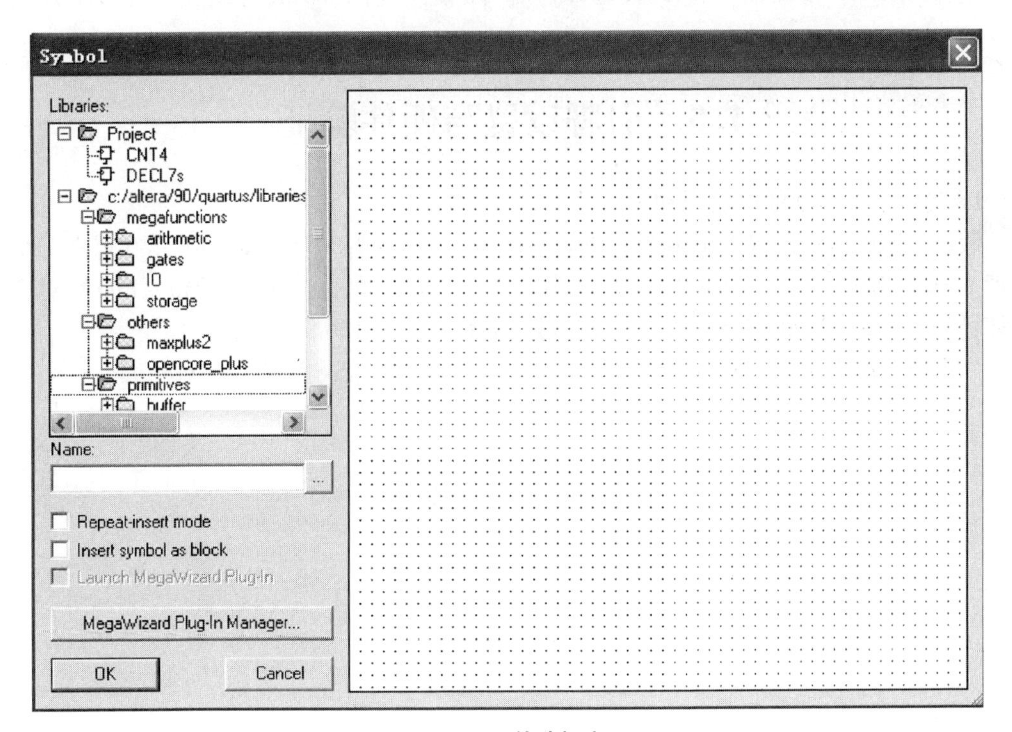

图 1.22　元件选择窗口

3. 编辑图形文件。

在 Project 库中选择元件 CNT4、DECL7S,在 Primitives 库中选择 input 和 output 管脚,编辑如图 1.23 所示图形,另存文件名为 top. bdf。

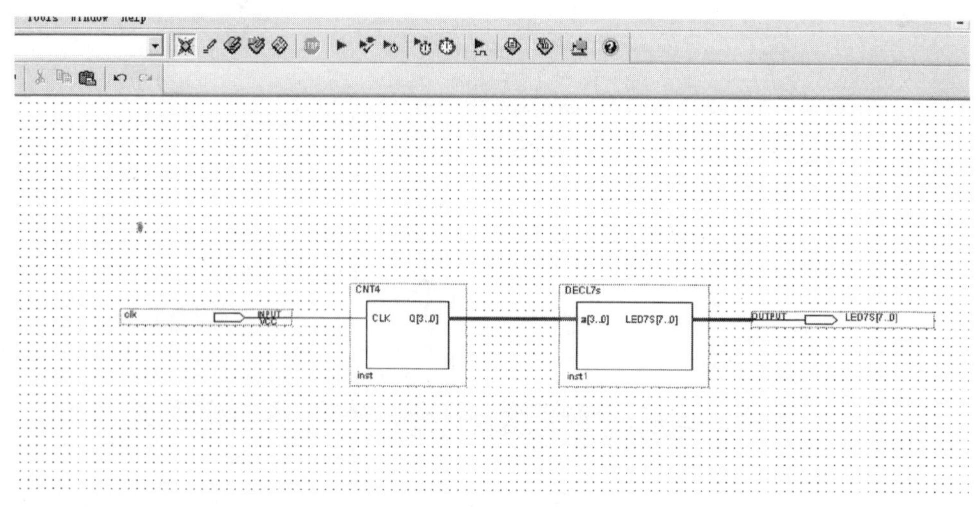

图 1.23　顶层文件窗口

4. 编译顶层文件。

选择"Project→Set as Top-Level Entity"命令,使当前的 top 成为顶层文件。编译顶层文件。

1.5　引脚设置与硬件验证

1. 确定下载验证的电路图和对应的管脚。

假设电路图选择附录 1 中附图 1.9 电路结构图 NO.6,LED7S 的输出显示在最左一个数码管 8 上,CLK 选择 CLK0,查附 1.4 节中附表 1.1 确定对应的管脚。PIO40 ~ PIO46 对应的管脚号为 87、88、89、90、91、92、95。CLK0 对应的管脚号为 126。

如下所示的图 1.24 为验证电路选择,表 1.1 为结构图信号与芯片脚对照表。

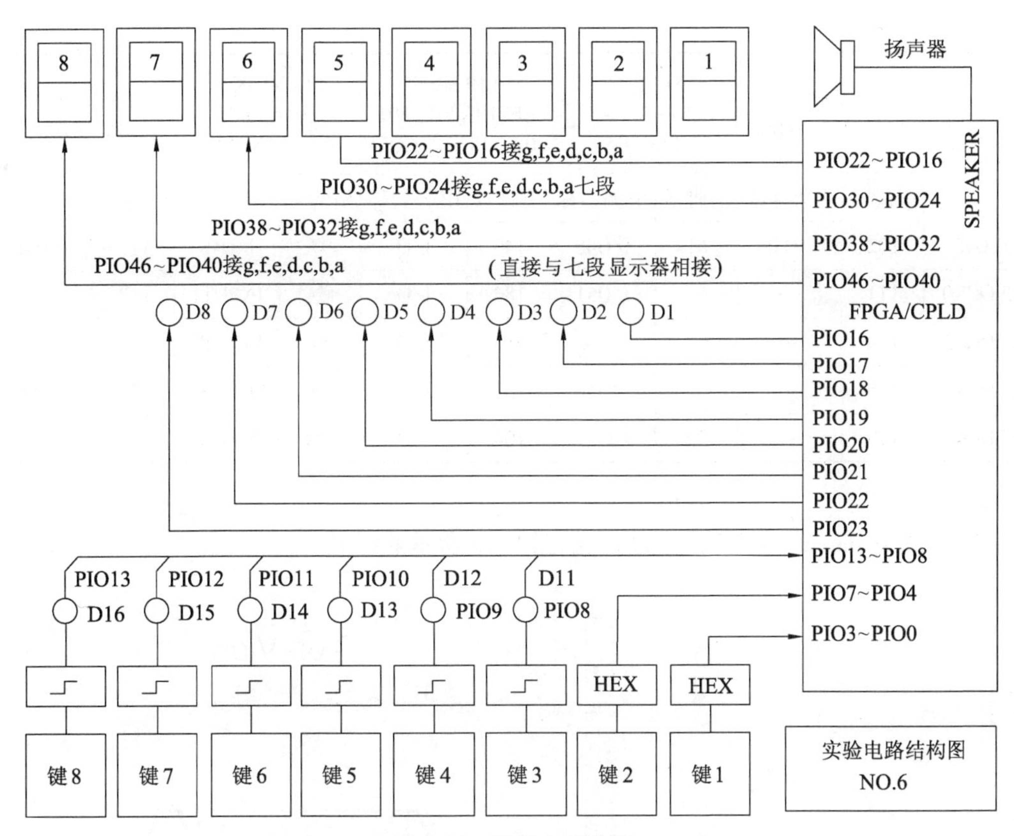

图 1.24　验证电路选择

表 1.1　结构图信号与芯片引脚对照表

结构图上的信号名	XCS30 144 – PIN TQFP		XC95108 XC9572 – PLCC84		EP1K100 EPF10K30E/50E 208 – PIN P/RQFP		FLEX10K20 EP1K30/50 144 – PIN TQFP		ispLSI 3256/A – PQFP160	
	引脚号	引脚名称	引脚号	引脚名称	引脚号	引脚名称	引脚号	引脚名称	引脚号	引脚名称
PIO0	138	I/O0	1	I/O0	7	I/O	8	I/O0	2	I/O0
PIO1	139	I/O1	2	I/O1	8	I/O	9	I/O1	3	I/O1
PIO2	140	I/O2	3	I/O2	9	I/O	10	I/O2	4	I/O2
PIO40	93	I/O40	51	I/O40	133	I/O	87	I/O40	105	I/O40
PIO41	94	I/O41	52	I/O41	134	I/O	88	I/O41	106	I/O41
PIO42	95	I/O42	53	I/O42	135	I/O	89	I/O42	108	I/O42
PIO43	96	I/O43	54	I/O43	136	I/O	90	I/O43	109	I/O43
PIO44	97	I/O44	55	I/O44	139	I/O	91	I/O44	110	I/O44
PIO45	98	I/O45	56	I/O45	140	I/O	92	I/O45	112	I/O45
PIO46	99	I/O46	57	I/O46	141	I/O	95	I/O46	113	I/O46
PIO47	101	I/O47	58	I/O47	142	I/O	96	I/O47	114	I/O47

（续表）

结构图上的信号名	XCS30 144 – PIN TQFP		XC95108 XC9572 – PLCC84		EP1K100 EPF10K30E/50E 208 – PIN P/RQFP		FLEX10K20 EP1K30/50 144 – PIN TQFP		ispLSI 3256/A – PQFP160	
	引脚号	引脚名称	引脚号	引脚名称	引脚号	引脚名称	引脚号	引脚名称	引脚号	引脚名称
PIO48	102	I/O48	61	I/O48	143	I/O	97	I/O48	115	I/O48
CLOCK0	111	—	65	I/O51	182	I/O	126	INPUT1	118	I/O
CLOCK2	114	—	67	I/O53	184	I/O	54	INPUT3	120	I/O
CLOCK5	115	—	70	I/O56	157	I/O	56	I/O53	122	I/O
CLOCK9	119	—	79	I/O63	104	I/O	124	GCLOK2	126	I/O

2. 引脚锁定。

选择“Assignments→Pin”命令，出现如图 1.25 所示的图形。

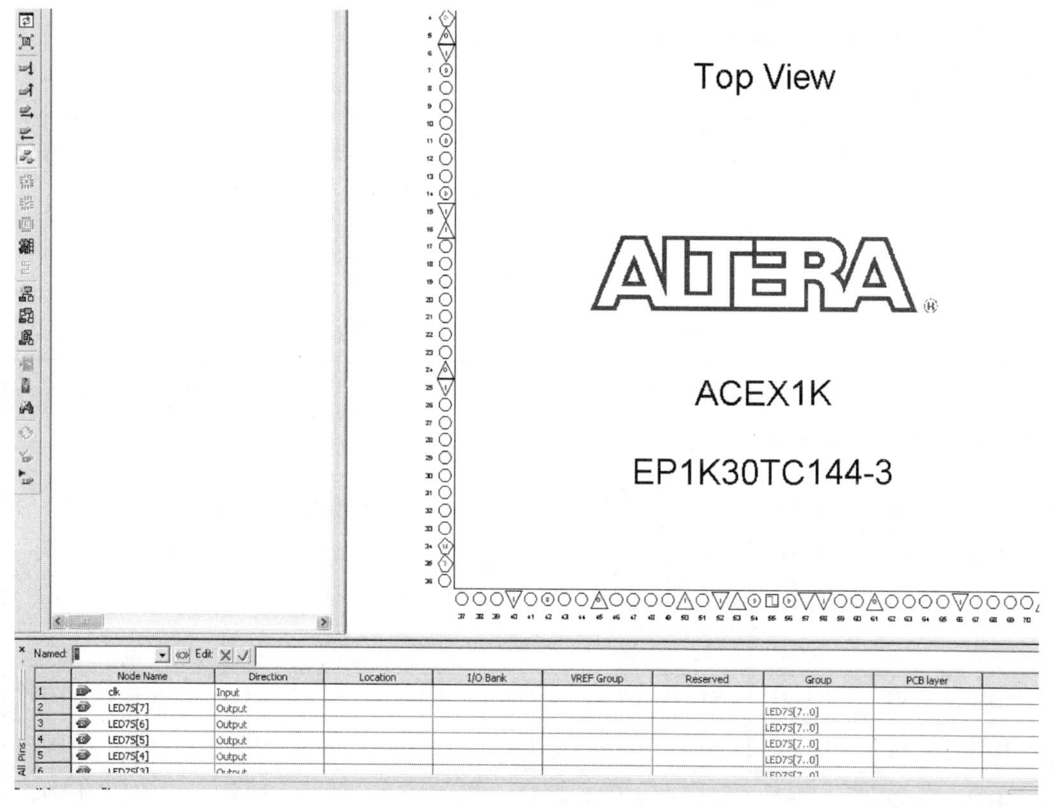

图 1.25　引脚锁定窗口

双击“clk”栏的“location”，确定对应的引脚号。

引脚锁定后(图 1.26)需要重新编译，选择“Processing→Start Compilation”命令，进行编译。

图 1.26　引脚锁定

3. 文件下载。

把编程电缆一头接到计算机的并口,一头接到试验箱的 J2 接口上。

选择“Tool→Programmer”命令,弹出如图 1.27 所示窗口,在“Mode”表框中选择“JTAG”,并选中(打钩)下载文件右侧的第一个小方框。在“Hardware Setup”表框中选择“ByteBlasterMV”或“ByteBlaster［LPT1］”,如果显示“No Hardware”,单击“Add Device”按钮,添加 ByteBlasterMV 或 ByteBlaster LPT1。

单击“Start”按钮即进入对目标器件 FPGA 的配置下载。

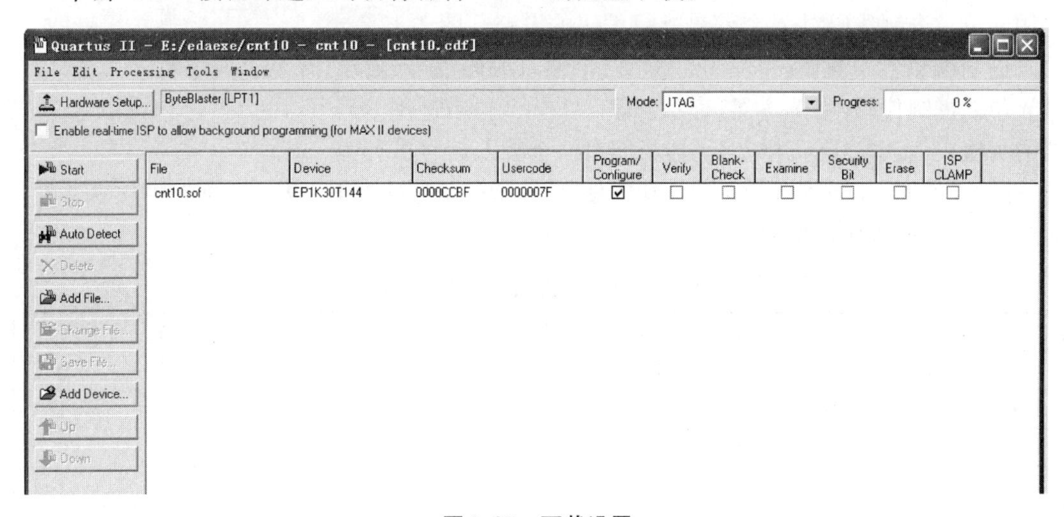

图 1.27　下载设置

4. 硬件验证。

在试验箱上,按下模式选择键,选择模式显示为 6,把时钟 CLOCK0 短路帽接在 1Hz 上,观察数码管 8 的输出。

第2章　组合电路设计

2.1　编码器设计

一、实验目的

1. 熟悉硬件描述语言软件的使用。
2. 熟悉编码器的工作原理和逻辑功能。
3. 掌握编码器的设计方法。

二、实验原理

数字系统中存储或处理的信息通常用二进制码表示。编码就是用一个二进制码表示特定含义的信息。具有编码功能的逻辑电路称为编码器。目前常使用的编码器有普通编码器和优先编码器两类。

1. 普通编码器。

在普通编码器中，任何时刻只允许输入一个编码信号，否则，输出将发生混乱。常用的是二进制编码器。二进制编码器是用 n 位二进制代码对 2^n 个信号进行编码的电路。图2.1是 n 位二进制编码器示意图。$I_0 \sim I_{2^n-1}$ 是 2^n 个输入编码信号，输出是 n 位二进制代码，用 $Y_0 \sim Y_n$ 表示。表2.1为3位二进制编码器的真值表，表中，任何时刻编码器只能对一个输入信号进行编码，即输入的 $I_0 \sim I_7$ 这8个变量中，其中任何一个输入变量为1时，其余7个输入变量均为0。

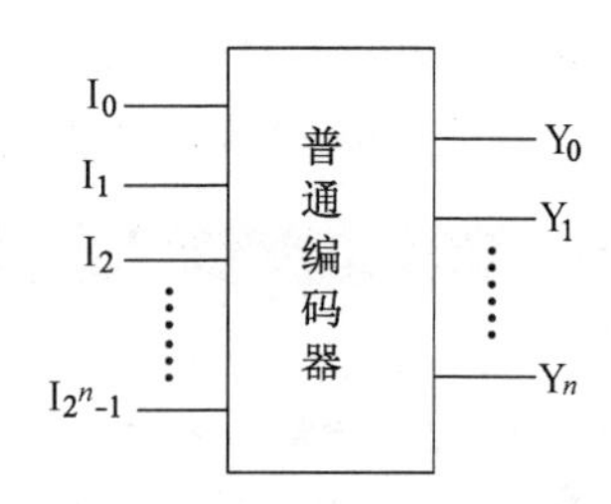

图2.1　普通编码器示意图

表2.1　3位二进制编码器真值表

I_0	I_1	I_2	I_3	I_4	I_5	I_6	I_7	Y_2	Y_1	Y_0
1	0	0	0	0	0	0	0	0	0	0
0	1	0	0	0	0	0	0	0	0	1
0	0	1	0	0	0	0	0	0	1	0
0	0	0	1	0	0	0	0	0	1	1
0	0	0	0	1	0	0	0	1	0	0
0	0	0	0	0	1	0	0	1	0	1
0	0	0	0	0	0	1	0	1	1	0
0	0	0	0	0	0	0	1	1	1	1

由真值表可得：

$$Y_2 = I_4 + I_5 + I_6 + I_7$$

$$Y_1 = I_2 + I_3 + I_6 + I_7$$

$$Y_0 = I_1 + I_3 + I_5 + I_7$$

2. 优先编码器。

在优先编码器电路中，允许同时输入两个以上编码信号，每个输入端有不同的优先权，当两个以上的输入端同时输入有效电平时，输出的总是其中优先权最高的输入端的编码。至于优先级别的高低，则是根据设计要求来决定的。

74LS148/74HC148 是 8 线—3 线优先编码器，其逻辑符号图如图 2.2 所示，其真值表如表 2.2 所示。

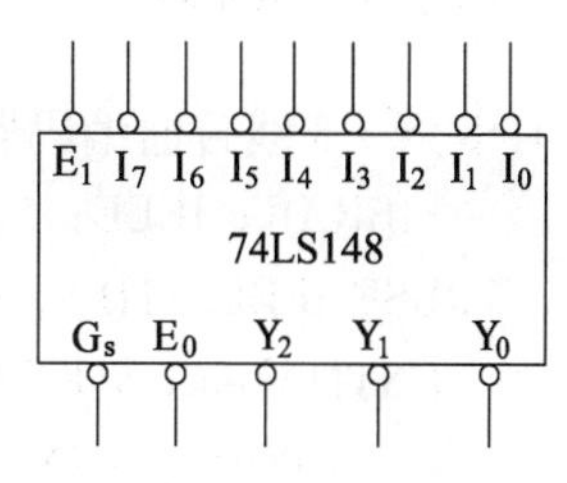

图 2.2　74LS148 逻辑符号图

表 2.2　8 线—3 线优先编码器 74LS148 的真值表

输入									输出				
$\overline{E_1}$	I_0	I_1	I_2	I_3	I_4	I_5	I_6	I_7	$\overline{Y_2}$	$\overline{Y_1}$	$\overline{Y_0}$	$\overline{G_S}$	$\overline{E_0}$
1	×	×	×	×	×	×	×	×	1	1	1	1	1
0	1	1	1	1	1	1	1	1	1	1	1	1	0
0	×	×	×	×	×	×	×	0	0	0	0	0	1
0	×	×	×	×	×	×	0	1	0	0	1	0	1
0	×	×	×	×	×	0	1	1	0	1	0	0	1
0	×	×	×	×	0	1	1	1	0	1	1	0	1
0	×	×	×	0	1	1	1	1	1	0	0	0	1
0	×	×	0	1	1	1	1	1	1	0	1	0	1
0	×	0	1	1	1	1	1	1	1	1	0	0	1
0	0	1	1	1	1	1	1	1	1	1	1	0	1

三、实验内容

1. 根据真值表（表 2.1）编写 8 线—3 线普通编码器的程序。
2. 根据真值表（表 2.2）编写 8 线—3 线优先编码器的程序。
3. 通过仿真、下载验证设计的正确性。

四、设计提示

IF、CASE 语句是顺序语句，只可以在进程内部使用。

五、实验报告要求

1. 分析电路的工作原理。

2. 写出普通编码器、优先编码器的源程序。
3. 比较顺序语句和并行语句的异同。
4. 画出仿真波形，并分析仿真结果。

六、参考程序

1. 8线—3线普通编码器 VHDL 参考程序。

```
LIBRARY IEEE;
USE IEEE.STD_LOGIC_1164.ALL;
ENTITY encoder83 IS
      PORT(I: IN STD_LOGIC_VECTOR(7 DOWNTO 0);
           Y: OUT STD_LOGIC_VECTOR(2 DOWNTO 0));
END encoder83;
ARCHITECTURE dataflow OF encoder83 IS
BEGIN
      PROCESS (I)
      BEGIN
            CASE I IS
                  WHEN "10000000" => Y <="111";
                  WHEN "01000000" => Y <="110";
                  WHEN "00100000" => Y <="101";
                  WHEN "00010000" => Y <="100";
                  WHEN "00001000" => Y <="011";
                  WHEN "00000100" => Y <="010";
                  WHEN "00000010" => Y <="001";
                  WHEN OTHERS => Y <="000";
            END CASE;
      END PROCESS;
END dataflow;
```

2. 8线—3线优先编码器 VHDL 参考程序。

```
LIBRARY  IEEE;
USE IEEE.STD_LOGIC_1164.ALL;
ENTITY  priotyencoder  IS
   PORT(I:IN STD_LOGIC_VECTOR (7 DOWNTO 0);
        E1: IN STD_LOGIC;
        GS, E0: OUT STD_LOGIC;
        Y: OUT STD_LOGIC_VECTOR (2 DOWNTO 0));
END priotyencoder;
ARCHITECTURE encoder OF priotyencoder IS
BEGIN
```

```
P1: PROCESS (I  )
  BEGIN
      IF (I(7) = '0' AND E1 = '0') THEN
          Y <= "000";
          GS <= '0';
          E0 <= '1';
      ELSIF (I(6) = '0' AND E1 = '0') THEN
          Y <= "001";
          GS <= '0';
          E0 <= '1';
      ELSIF (I(5) = '0' AND E1 = '0') THEN
          Y <= "010";
          GS <= '0';
          E0 <= '1';
      ELSIF (I(4) = '0' AND E1 = '0') THEN
          Y <= "011";
          GS <= '0';
          E0 <= '1';
      ELSIF (I(3) = '0' AND E1 = '0') THEN
          Y <= "100";
          GS <= '0';
          E0 <= '1';
      ELSIF (I(2) = '0' AND E1 = '0') THEN
          Y <= "101";
          GS <= '0';
          E0 <= '1';
      ELSIF (I(1) = '0' AND E1 = '0') THEN
          Y <= "110";
          GS <= '0';
          E0 <= '1';
      ELSIF (I(0) = '0' AND E1 = '0') THEN
          Y <= "111";
          GS <= '0';
          E0 <= '1';
      ELSIF (E1 = '1') THEN
          Y <= "111";
          GS <= '1';
          E0 <= '1';
      ELSIF (I = "11111111" AND E1 = '0') THEN
```

```
            Y <="111";
            GS <='1';
            E0 <='0';
        END IF;
    END PROCESS P1;
END encoder;
```

3. 8线—3线普通编码器 Verilog HDL 参考程序。

```
module encoder83(I1,Y1);
input [7:0]I1;
output [2:0]Y1;
reg [2:0]Y1;
always @ (I1)
    case(I1)
    8'b10000000:Y1 =3'b111;
    8'b01000000:Y1 =3'b110;
    8'b00100000:Y1 =3'b101;
    8'b00010000:Y1 =3'b100;
    8'b00001000:Y1 =3'b011;
    8'b00000100:Y1 =3'b010;
    8'b00000010:Y1 =3'b001;
    default  :Y1 =3'b000;
  endcase
endmodule
```

4. 8线—3线优先编码器 Verilog HDL 参考程序。

```
module priotyencoder(I1,E1,Y1,Gs,E0);
input [7:0]I1;
input E1;
output [2:0]Y1;
output Gs, E0;
reg [2:0]Y1;
reg Gs, E0;
always @ (I1 or E1)
        if(E1)
        {Y1,Gs,E0} =5'b11111;
        else if(! I1[7])
        {Y1,Gs,E0} =5'b00001;
        else if(! I1[6])
        {Y1,Gs,E0} =5'b00101;
        else if(! I1[5])
```

```
        {Y1,Gs,E0} =5'b01001;
        else if(! I1[4])
        {Y1,Gs,E0} =5'b01101;
        else if(! I1[3])
        {Y1,Gs,E0} =5'b10001;
        else if(! I1[2])
        {Y1,Gs,E0} =5'b10101;
      else if(! I1[1])
        {Y1,Gs,E0} =5'b11001;
else if(! I1[0])
        {Y1,Gs,E0} =5'b11101;
          else
      {Y1,Gs,E0} =5'b11110;
Endmodule
```

2.2　译码器设计

一、实验目的

1. 熟悉硬件描述语言软件的使用。
2. 熟悉译码器的工作原理和逻辑功能。
3. 掌握译码器及七段显示译码器的设计方法。

二、实验原理

译码器是数字系统中常用的组合逻辑电路。译码器的逻辑功能是将每个输入的二进制代码译成对应的输出高、低电平信号或另外一个代码。译码是编码的反操作。常用的译码器电路有二进制译码器、二—十进制译码器和显示译码器。

1. 二进制译码器。

二进制译码器的输入是一组二进制代码，输出是一组与输入代码一一对应的高、低电平信号。图 2.3 是二进制译码器的一般原理图，它具有一个使能输入端和 n 个输入端，2^n 个输出端。在使能输入端为有效电平时，对应每一组输入代码，只有一个输出端为有效电平，其余输出端则为非有效电平。

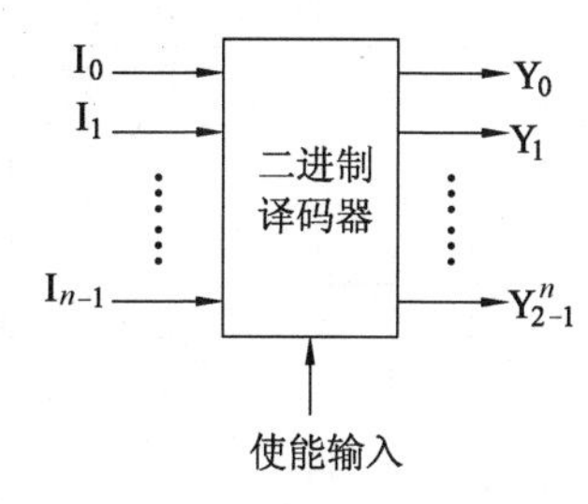

图 2.3　二进制译码器一般原理图

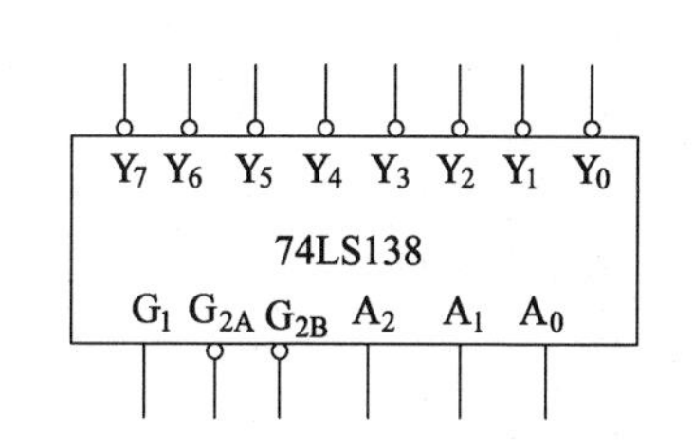

图 2.4　74LS138 译码器逻辑符号图

74LS138 是用 TTL 与非门组成的 3 线—8 线译码器，其逻辑符号图如图 2.4 所示，其功能表如表 2.3 所示。

表 2.3　74LS138 的功能表

输入					输出							
G_1	$\overline{G_{2A}}+\overline{G_{2B}}$	A_2	A_1	A_0	$\overline{Y_0}$	$\overline{Y_1}$	$\overline{Y_2}$	$\overline{Y_3}$	$\overline{Y_4}$	$\overline{Y_5}$	$\overline{Y_6}$	$\overline{Y_7}$
0	×	×	×	×	1	1	1	1	1	1	1	1
×	1	×	×	×	1	1	1	1	1	1	1	1
1	0	0	0	0	0	1	1	1	1	1	1	1
1	0	0	0	1	1	0	1	1	1	1	1	1
1	0	0	1	0	1	1	0	1	1	1	1	1
1	0	0	1	1	1	1	1	0	1	1	1	1
1	0	1	0	0	1	1	1	1	0	1	1	1
1	0	1	0	1	1	1	1	1	1	0	1	1
1	0	1	1	0	1	1	1	1	1	1	0	1
1	0	1	1	1	1	1	1	1	1	1	1	0

由表 2.3 可见，74LS138 有 3 个附加的控制端 G_1、$\overline{G_{2A}}$、$\overline{G_{2B}}$。当 $G_1=1$、$\overline{G_{2A}}+\overline{G_{2B}}=0$ 时，译码器处于工作状态。否则，译码器被禁止，所有的输出端被封锁在高电平。

2. 显示译码器。

普通的七段数码管由 7 段可发光的线段组成，使用它显示字形时，需要译码驱动。七段显示译码器将 BCD 代码译成数码管所需的驱动信号，使数码管用十进制数字显示出 BCD 代码所表示的数值。七段显示译码器的真值表如表 2.4 所示。七段显示译码器驱动七段数码管示意图如图 2.5 所示。

表 2.4　七段显示译码器的真值表

数字	输入				输出						
	A_3	A_2	A_1	A_0	a	b	c	d	e	f	g
0	0	0	0	0	1	1	1	1	1	1	0
1	0	0	0	1	0	1	1	0	0	0	0
2	0	0	1	0	1	1	0	1	1	0	1
3	0	0	1	1	1	1	1	1	0	0	1
4	0	1	0	0	0	1	1	0	0	1	1
5	0	1	0	1	1	0	1	1	0	1	1
6	0	1	1	0	0	0	1	1	1	1	1
7	0	1	1	1	1	1	1	0	0	0	0
8	1	0	0	0	1	1	1	1	1	1	1
9	1	0	0	1	1	1	1	0	0	1	1

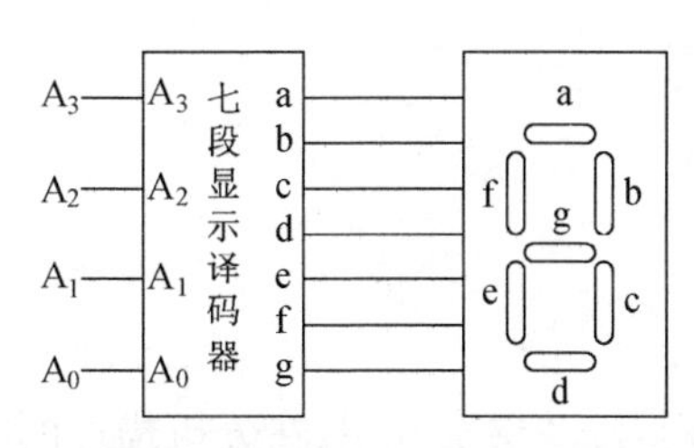

图 2.5　七段显示译码器驱动七段数码管示意图

三、实验内容

1. 设计一个 4 线—16 线译码器。
2. 设计轮流显示表 2.5 所示字符的程序。

表 2.5　字母显示真值表

字符	段						
	a	b	c	d	e	f	g
A	1	1	1	0	1	1	1
B	0	0	1	1	1	1	1
C	1	0	0	1	1	1	0
D	0	1	1	1	1	0	1
E	1	0	0	1	1	1	1
F	1	0	0	0	1	1	1
H	0	1	1	0	1	1	1
P	1	1	0	0	1	1	1
L	0	0	0	1	1	1	0

3. 通过仿真观察设计的正确性。
4. 通过下载验证设计的正确性。

四、设计提示

对于字符轮流显示，可以通过计数器控制字符显示，也可以通过状态机的编码方式来实现。

若通过计数器计数控制字符显示，则在译码之前可加入一个 4 位二进制加法计数器，当低频率的脉冲信号输入计数器后，由七段显示译码器将计数器的计数值译为对应的十进制码，并由数码管显示出来。图 2.6 为电路原理图。

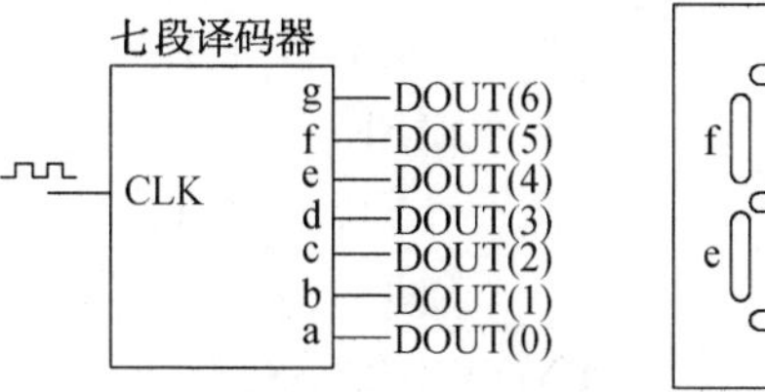

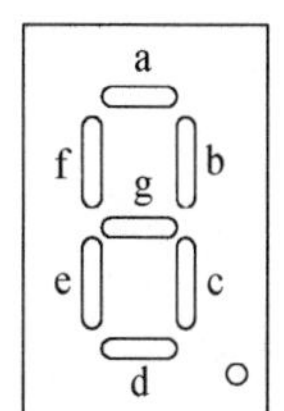

图 2.6　七段 LED 译码显示电路

五、实验报告要求

1. 分析电路的工作原理。
2. 写出所有的源程序。
3. 画出仿真波形。
4. 书写实验报告时要结构合理、层次分明，在分析描述的时候，注意语言流畅。

六、参考程序

1. 3 线—8 线译码器 VHDL 参考程序。

```
LIBRARY  IEEE;
USE IEEE.STD_LOGIC_1164.ALL;
ENTITY   decoder3_8   IS
  PORT(a0, a1, a2, g1, g2a, g2b :IN STD_LOGIC;
       Y: OUT STD_LOGIC_VECTOR (7 DOWNTO 0));
  END decoder3_8;
  ARCHITECTURE rtl OF decoder3_8 IS
  SIGNAL indata : STD_LOGIC_VECTOR (2 DOWNTO 0);
  BEGIN
      Indata <= a2 & a1 & a0;
      PROCESS (indata, g1, g2a, g2b)
        BEGIN
          IF (g1 = '1' AND g2b = '0' AND g2a = '0') THEN
             CASE indata IS
                   WHEN"000" => Y <= "11111110";
                   WHEN"001" => Y <= "11111101";
                   WHEN"010" => Y <= "11111011";
                   WHEN"011" => Y <= "11110111";
                   WHEN"100" => Y <= "11101111";
                   WHEN"101" => Y <= "11011111";
                   WHEN"110" => Y <= "10111111";
                   WHEN"111" => Y <= "01111111";
                   WHEN   OTHERS => NULL;
            END CASE;
          ELSE
            Y <= "11111111";
          END IF;
      END PROCESS;
END rtl;
```

2. 七段显示译码器 VHDL 程序。

```
LIBRARY IEEE;
USE IEEE.STD_LOGIC_1164.ALL;
USE IEEE.STD_LOGIC_UNSIGNED.ALL;
ENTITY decled1  IS
    PORT (AIN: IN STD_LOGIC_VECTOR(3 DOWNTO 0);
          DOUT: OUT STD_LOGIC_VECTOR(6 DOWNTO 0));
END DECLED1;
ARCHITECTURE behav OF decled1 IS
  BEGIN
    PROCESS(AIN)
    BEGIN
        CASE AIN IS                                         --译码电路
            WHEN "0000" => DOUT <= "0111111";               --显示 0
            WHEN "0001" => DOUT <= "0000110";               --显示 1
            WHEN "0010" => DOUT <= "1011011";               --显示 2
            WHEN "0011" => DOUT <= "1001111";               --显示 3
            WHEN "0100" => DOUT <= "1100110";               --显示 4
            WHEN "0101" => DOUT <= "1101101";               --显示 5
            WHEN "0110" => DOUT <= "1111101";               --显示 6
            WHEN "0111" => DOUT <= "0000111";               --显示 7
            WHEN "1000" => DOUT <= "1111111";               --显示 8
            WHEN "1001" => DOUT <= "1101111";               --显示 9
            WHEN "1010" => DOUT <= "1110111";               --显示 A
            WHEN "1011" => DOUT <= "1111100";               --显示 B
            WHEN "1100" => DOUT <= "0111001";               --显示 C
            WHEN "1101" => DOUT <= "1011110";               --显示 D
            WHEN "1110" => DOUT <= "1111001";               --显示 E
            WHEN "1111" => DOUT <= "1110001";               --显示 F
            WHEN OTHERS => DOUT <= "0000000";               --必须有此项
        END CASE;
  END PROCESS;
END behav;
```

3. 轮流显示字符的七段译码电路 VHDL 程序。

```
LIBRARY IEEE;
USE IEEE.STD_LOGIC_1164.ALL;
USE IEEE.STD_LOGIC_UNSIGNED.ALL;
ENTITY decled2 IS
   PORT (clk: IN STD_LOGIC;
```

```
        DOUT: OUT STD_LOGIC_VECTOR(6 DOWNTO 0));
END DECLED2;
ARCHITECTURE behav OF decled2  IS
  SIGNAL cnt4b: STD_LOGIC_VECTOR(3 DOWNTO 0);
BEGIN
  PROCESS(clk)
  BEGIN
      IF clk'EVENT AND clk = '1' THEN               --4位二进制计数器
         cnt4b <= cnt4b  +  1;
      END IF;
  END PROCESS;
  PROCESS(cnt4b)
  BEGIN
      CASE cnt4b IS                                       --译码电路
          WHEN "0000" => DOUT <= "0111111";               --显示 0
          WHEN "0001" => DOUT <= "0000110";               --显示 1
          WHEN "0010" => DOUT <= "1011011";               --显示 2
          WHEN "0011" => DOUT <= "1001111";               --显示 3
          WHEN "0100" => DOUT <= "1100110";               --显示 4
          WHEN "0101" => DOUT <= "1101101";               --显示 5
          WHEN "0110" => DOUT <= "1111101";               --显示 6
          WHEN "0111" => DOUT <= "0000111";               --显示 7
          WHEN "1000" => DOUT <= "1111111";               --显示 8
          WHEN "1001" => DOUT <= "1101111";               --显示 9
          WHEN "1010" => DOUT <= "1110111";               --显示 A
          WHEN "1011" => DOUT <= "1111100";               --显示 B
          WHEN "1100" => DOUT <= "0111001";               --显示 C
          WHEN "1101" => DOUT <= "1011110";               --显示 D
          WHEN "1110" => DOUT <= "1111001";               --显示 E
          WHEN "1111" => DOUT <= "1110001";               --显示 F
          WHEN OTHERS => DOUT <= "0000000";               --必须有此项
      END CASE;
  END PROCESS;
END behav;
```

4. 3 线—8 线译码器 Verilog HDL 参考程序。

```
module decoder3_8(G,A,Y);
input [2:0]A;
input[2:1] G;
output [7:0]Y;
```

```
reg [7:0]Y;
always @ (A or G)
  if( ! G[1])
    Y =8'b11111111;
    else if( ! G[2])
    case(A)
    3'b000: Y =8'b11111110;
    3'b001: Y =8'b11111101;
    3'b010: Y =8'b11111011;
    3'b011: Y =8'b11110111;
    3'b100: Y =8'b11101111;
    3'b101: Y =8'b11011111;
    3'b110: Y =8'b10111111;
    3'b111: Y =8'b01111111;
    endcase
    else
    Y =8'b11111111;
endmodule
```

5. 七段显示译码器 Verilog HDL 程序。

```
module decled1(AIN,a, b, c, d, e, f,g);
input[4:1]AIN;
output a, b, c, d, e, f,g;
reg a, b, c, d, e, f,g;
always @ (AIN)
        case(AIN)
        4'b0000: {g,f,e,d,c,b,a} =8'b0111111;     //显示 0
        4'b0001: {g,f,e,d,c,b,a} =8'b0000110;     //显示 1
        4'b0010: {g,f,e,d,c,b,a} =8'b1011011;     //显示 2
        4'b0011: {g,f,e,d,c,b,a} =8'b1001111;     //显示 3
        4'b0100: {g,f,e,d,c,b,a} =8'b1100110;     //显示 4
        4'b0101: {g,f,e,d,c,b,a} =8'b1101101;     //显示 5
        4'b0110: {g,f,e,d,c,b,a} =8'b1111101;     //显示 6
        4'b0111: {g,f,e,d,c,b,a} =8'b0000111;     //显示 7
        4'b1000: {g,f,e,d,c,b,a} =8'b1111111;     //显示 8
        4'b1001: {g,f,e,d,c,b,a} =8'b1101111;     //显示 9
        4'b1010: {g,f,e,d,c,b,a} =8'b1110111;     //显示 A
        4'b1011: {g,f,e,d,c,b,a} =8'b1111100;     //显示 B
        4'b1100: {g,f,e,d,c,b,a} =8'b0111001;     //显示 C
        4'b1101: {g,f,e,d,c,b,a} =8'b1011110;     //显示 D
```

```
        4'b1110: {g,f,e,d,c,b,a} =8'b1111001;     //显示 E
        4'b1111: {g,f,e,d,c,b,a} =8'b1110001;     //显示 F
        default: {g,f,e,d,c,b,a} =8'b0000000;     //不显示
endcase
endmodule
```

6. 轮流显示字符的七段译码电路 Verilog HDL 参考程序。

```
module decled2(EN,clock,a, b, c, d, e, f,g);
input EN,clock;
output a, b, c, d, e, f,g;
reg [4:1] in;
reg a, b, c, d, e, f,g;
always @ (posedge clock)
if ( !EN)
    in =0;
else begin in = in +1;
        case(in)
        4'b0000: {g,f,e,d,c,b,a} =8'b0111111;     //显示 0
        4'b0001: {g,f,e,d,c,b,a} =8'b0000110;     //显示 1
        4'b0010: {g,f,e,d,c,b,a} =8'b1011011;     //显示 2
        4'b0011: {g,f,e,d,c,b,a} =8'b1001111;     //显示 3
        4'b0100: {g,f,e,d,c,b,a} =8'b1100110;     //显示 4
        4'b0101: {g,f,e,d,c,b,a} =8'b1101101;     //显示 5
        4'b0110: {g,f,e,d,c,b,a} =8'b1111101;     //显示 6
        4'b0111: {g,f,e,d,c,b,a} =8'b0000111;     //显示 7
        4'b1000: {g,f,e,d,c,b,a} =8'b1111111;     //显示 8
        4'b1001: {g,f,e,d,c,b,a} =8'b1101111;     //显示 9
        4'b1010: {g,f,e,d,c,b,a} =8'b1110111;     //显示 A
        4'b1011: {g,f,e,d,c,b,a} =8'b1111100;     //显示 B
        4'b1100: {g,f,e,d,c,b,a} =8'b0111001;     //显示 C
        4'b1101: {g,f,e,d,c,b,a} =8'b1011110;     //显示 D
        4'b1110: {g,f,e,d,c,b,a} =8'b1111001;     //显示 E
        4'b1111: {g,f,e,d,c,b,a} =8'b1110001;     //显示 F
        default: {g,f,e,d,c,b,a} =8'b0000000;     //不显示
endcase
end
endmodule
```

2.3　数据选择器设计

一、实验目的

1. 熟悉硬件描述语言软件的使用。
2. 熟悉数据选择器的工作原理和逻辑功能。
3. 掌握数据选择器的设计方法。

二、实验原理

数据选择器的逻辑功能是从多路数据输入信号中选出一路数据送到输出端，输出的数据取决于控制输入端的状态。

对于四选一数据选择器，其逻辑功能表如表 2.6 所示。

表 2.6　四选一数据选择器的逻辑功能表

A_1	A_0	D_0	D_1	D_2	D_3	Y	Y
0	0	0	×	×	×	0	D_0
0	0	1	×	×	×	1	
0	1	×	0	×	×	0	D_1
0	1	×	1	×	×	1	
1	0	×	×	0	×	0	D_2
1	0	×	×	1	×	1	
1	1	×	×	×	0	0	D_3
1	1	×	×	×	1	1	

如表 2.6 所示，在四选一数据选择器中，有 2 路地址输入端 A_1、A_0，4 路数据输入端 $D_0 \sim D_3$，1 路数据输出端 Y。通过给定不同的地址代码（即 A_1、A_0的状态），即可从 4 路输入数据 $D_0 \sim D_3$中选出所要的一路送至输出端 Y。

四选一数据选择器的输出函数表达式为

$$Y = D_0\,\overline{A_1 A_0} + D_1\,\overline{A_1}\,A_0 + D_2 A_1\,\overline{A_0} + D_3 A_1 A_0 = \sum_{i=0}^{3} D_i m_i$$

式中，D_i是数据输入端，m_i是两个地址输入 A_1、A_0的 4 个最小项。

八选一数据选择器的逻辑功能表如表 2.7 所示。

表 2.7　八选一数据选择器的逻辑功能表

$\bar{S}$	A_2	A_1	A_0	D_0	D_1	D_2	D_3	D_4	D_5	D_6	D_7	Y	Y
1	×	×	×	×	×	×	×	×	×	×	×	0	0
0	0	0	0	0	×	×	×	×	×	×	×	0	D_0
0	0	0	0	1	×	×	×	×	×	×	×	1	
0	0	0	1	×	0	×	×	×	×	×	×	0	D_1
0	0	0	1	×	1	×	×	×	×	×	×	1	
0	0	1	0	×	×	0	×	×	×	×	×	0	D_2
0	0	1	0	×	×	1	×	×	×	×	×	1	
0	0	1	1	×	×	×	0	×	×	×	×	0	D_3
0	0	1	1	×	×	×	1	×	×	×	×	1	
0	1	0	0	×	×	×	×	0	×	×	×	0	D_4
0	1	0	0	×	×	×	×	1	×	×	×	1	
0	1	0	1	×	×	×	×	×	0	×	×	0	D_5
0	1	0	1	×	×	×	×	×	1	×	×	1	
0	1	1	0	×	×	×	×	×	×	0	×	0	D_6
0	1	1	0	×	×	×	×	×	×	1	×	1	
0	1	1	1	×	×	×	×	×	×	×	0	0	D_7
0	1	1	1	×	×	×	×	×	×	×	1	1	

八选一数据选择器的输出函数表达式为

$$Y = \sum_{i=0}^{7} D_i m_i$$

式中，D_i是 8 个数据输入端，m_i是 3 个地址输入 A_2、A_1、A_0的 8 个最小项。

三、实验内容

1. 设计一个四选一数据选择器。
2. 设计一个八选一数据选择器。
3. 通过仿真观察设计的正确性。
4. 通过下载验证设计的正确性。

四、实验报告要求

1. 分析电路的工作原理。
2. 写出所有的源程序。
3. 画出仿真波形。

五、参考程序

1. 八选一数据选择器 VHDL 参考程序。

```
LIBRARY IEEE;
USE IEEE.STD_LOGIC_1164.ALL;
ENTITY mux8_1  IS
      PORT(A: IN STD_LOGIC_VECTOR (2 DOWNTO 0);
           D0,D1,D2,D3,D4,D5,D6,D7:IN STD_LOGIC;
           S:IN STD_LOGIC;
           Y: OUT STD_LOGIC);
END mux8_1;
ARCHITECTURE dataflow OF mux8_1  IS
        BEGIN
        PROCESS (A,D0,D1,D2,D3,D4,D5,D6,D7,S)
        BEGIN
            IF (S  ='1') THEN  Y <='0';
            ELSIF(S ='0'AND A ="000") THEN  Y <= D0;
            ELSIF(S ='0'AND A ="001") THEN  Y <= D1;
            ELSIF(S ='0'AND A ="010") THEN  Y <= D2;
            ELSIF(S ='0'AND A ="011") THEN  Y <= D3;
            ELSIF(S ='0'AND A ="100") THEN  Y <= D4;
            ELSIF(S ='0'AND A ="101") THEN  Y <= D5;
            ELSIF(S ='0'AND A ="110") THEN  Y <= D6;
            ELSE                            Y <= D7;
            END IF;
        END PROCESS;
END dataflow;
```

程序也可用 CASE 语句实现。

2. 八选一数据选择器 Verilog HDL 参考程序。

```
module mux8_1 (A,D,S,Y);
input[2:0]A;
input[7:0]  D;
input S;
output Y;
reg Y;
always @ (A or D or S)
if (S)
  Y =0;
else case(A)
```

```
        3'b000: Y = D[0];
        3'b001: Y = D[1];
        3'b010: Y = D[2];
        3'b011: Y = D[3];
        3'b100: Y = D[4];
        3'b101: Y = D[5];
        3'b110: Y = D[6];
        3'b111: Y = D[7];
        default:Y = 0;
        endcase
endmodule
```

2.4 加法器设计

一、实验目的

1. 熟悉加法器的工作原理和逻辑功能。
2. 掌握加法器的设计方法。
3. 掌握利用结构描述设计程序的方法。

二、实验原理

加法器是数字系统中的基本逻辑器件,是构成算术运算电路的基本单元。1 位加法器有半加器和全加器两种。多位加法器的构成有两种方式,即并行进位方式和串行进位方式。并行进位加法器设有并行进位产生逻辑,运算速度较快;串行进位方式是将全加器级联构成多位加法器。并行进位加法器通常比串行级联加法器占用更多的资源,随着位数的增加,相同位数的并行加法器与串行加法器的资源占用差距快速增大。因此,在工程中使用加法器时,要在速度和容量之间寻找平衡。表 2.8 是 1 位全加器的真值表。

表 2.8　1 位全加器的真值表

输　入			输　出	
A	B	CI	S	CO
0	0	0	0	0
0	0	1	1	0
0	1	0	1	0
0	1	1	0	1
1	0	0	1	0
1	0	1	0	1
1	1	0	0	1
1	1	1	0	1

其逻辑函数表达式为

$$S = A \oplus B \oplus CI$$

$$CO = AB + ACI + BCI$$

图 2.7 是用串行进位方式构成的 4 位加法器。

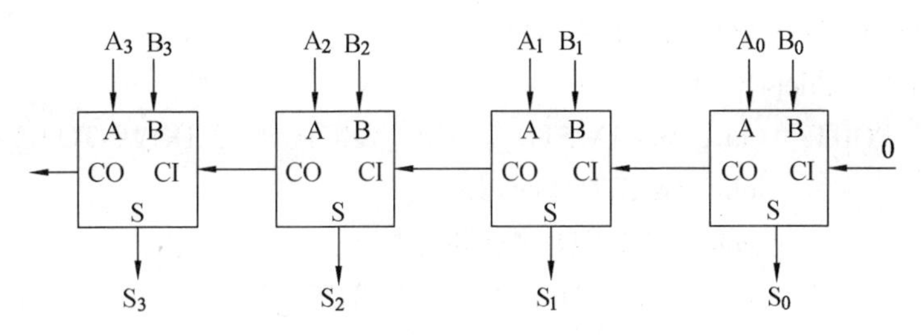

图 2.7　4 位串行进位加法器原理图

三、实验内容

1. 设计 1 位全加器。
2. 利用全加器和结构描述方法设计如图 2.7 所示的 4 位加法器。
3. 利用两个 4 位加法器级联构成一个 8 位加法器。
4. 通过仿真、下载验证设计的正确性。

四、设计提示

使用结构描述的方法，可以使用户在更高层次上进行设计。

五、实验报告要求

1. 分析 4 位加法器的工作原理。
2. 写出全加器及加法器的源程序。
3. 画出仿真波形。

六、参考程序

1. 4 位加法器 VHDL 程序。

```
--定义 1 位全加器
LIBRARY  IEEE;
USE IEEE.STD_LOGIC_1164.ALL;
ENTITY  adder1b  IS
        PORT  (a, b,ci: IN STD_LOGIC;
s, co: OUT STD_LOGIC);
END adder1b;
ARCHITECTURE behav of adder1b  IS
BEGIN
          s <= a XOR b XOR ci;
```

```
        co <= (a AND b) OR (a AND ci) OR (b AND ci);
END behav;
--定义4位全加器
LIBRARY  IEEE;
USE IEEE.STD_LOGIC_1164.ALL;
ENTITY  adder4b  IS
      PORT   (an, bn: IN STD_LOGIC_VECTOR (3 DOWNTO 0);
              cin: IN STD_LOGIC;
              con: OUT STD_LOGIC;
              sn: OUT STD_LOGIC_VECTOR (3 DOWNTO 0));
END adder4b;
ARCHITECTURE full1 of adder4b  IS
COMPONENT adder1b   IS
         PORT   (a, b ,ci: IN STD_LOGIC;
                 s, co: OUT STD_LOGIC);
END COMPONENT;
SIGNAL u0_co, u1_co, u2_co,u3_co: STD_LOGIC;
BEGIN
        U0: adder1b   PORT MAP (an(0), bn(0), cin,sn(0), u0_co);
        U1: adder1b   PORT MAP (an(1), bn(1), u0_co,sn(1), u1_co);
        U2: adder1b   PORT MAP (an(2), bn(2), u1_co,sn(2), u2_co);
        U3: adder1b   PORT MAP (an(3), bn(3), u2_co,sn(3), u3_co);
        con <= u3_co;
END full1;
```

2. 4位加法器Verilog HDL参考程序。

```
//1 位全加器
module Adder1bit (A, B, Cin, Sum, Cout);
input A, B, Cin;
output Sum, Cout;
assign Sum = (A^B)^Cin;
assign Cout = (A&B) | (A&Cin) | (B&Cin);
endmodule
//4 位全加器
module Adder4bit(First, Second, Carry_In, Sum_out, Carry_out);
input[3:0] First, Second;
input Carry_In;
output[3:0] Sum_out;
output Carry_out;
wire [2:0] Car;
```

```
Adder1bit
A1 (First[0], Second[0], Carry_In, Sum_out [0], Car[0]),
A2 (First[1], Second[1], Car[0], Sum_out [1], Car[1]),
A3 (First[2], Second[2], Car[1], Sum_out [2], Car[2]),
A4 (First[3], Second[3], Car[2], Sum_out [3], Carry_out);
endmodule
```

2.5　乘法器设计

一、实验目的

1. 了解用并行法设计乘法器的原理。
2. 学习使用组合逻辑设计并行乘法器。
3. 学习使用加法器和时序逻辑设计乘法器。

二、实验原理

乘法器有多种实现方法，其中最典型的方法是采用部分乘积项进行相加的方法，通常称为并行法，它通过逐项移位相加原理来实现，从被乘数的最低位开始，若为 1，则乘数左移后与上一次的和相加；若为 0，左移后以全零相加，直至被乘数的最高位。其算法如图 2.8 所示，其中 $M_4M_3M_2M_1$ 为被乘数(M)，$N_4N_3N_2N_1$ 为乘数(N)。可以看出被乘数 M 的每一位都要与乘数 N 相乘，获得不同的积，如 $M_1\times N$、$M_2\times N$……，位积之间以及位积与部分乘法之和相加时需要按照高低位对齐、并行相加才可以得到正确的结果。

```
       1101
    ×  1011
   ----------
       1011      M1×N
  +   0000       M2×N
   ----------
      01011      部分乘积之和
  +  1011        M3×N
   ----------
     110111      部分乘积之和
  + 1011         M4×N
   ----------
   10001111
```

图 2.8　并行乘法原理

这种算法可以采用纯组合逻辑来实现，其特点是设计思路简单直观、电路运算速度快，缺点是使用逻辑资源较多。

另一种方法是由 8 位加法器构成的以时序逻辑方式设计的 8 位乘法器，其原理如图 2.9 所示。在图 2.9 中，ARICTL 是乘法运算控制电路，它的 START 信号的上跳沿与高电平有两个功能，即 16 位寄存器清零和被乘数 A[7…0]向移位寄存器 SREG8B 加载；它的低电平则作为乘法使能信号。乘法时钟信号从 ARICTL 的 CLK 输入。当被乘数被加载于 8 位右移寄存器 SREG8B 后，随着每一时钟节拍，最低位在前，由低位至高位逐位移出。当为 1 时，与门 ANDARITH 打开，8 位乘数 B[7…0]在同一节拍进入 8 位加法器 ADDER8B，与上一次锁存在 16 位锁存器 REG16B 中的高 8 位进行相加，其和在下一时钟节拍的上升沿被锁进此锁存器。而当被乘数的移出位为 0 时，与门全零输出。如此往复，直至 8 个时钟脉冲后，由 ARICTL 控制，乘法运算过程自动中止，ARIEND 输出高电平，以此可点亮一发光管，以示乘法结束。此时 REG16B 的输出值即为最后乘积。

此乘法器的优点是节省芯片资源，它的核心元件只是一个 8 位加法器，其运算速度取决于输入的时钟频率。若时钟频率为 100MHz，则每一运算周期仅需 80ns。而若利用 12MHz

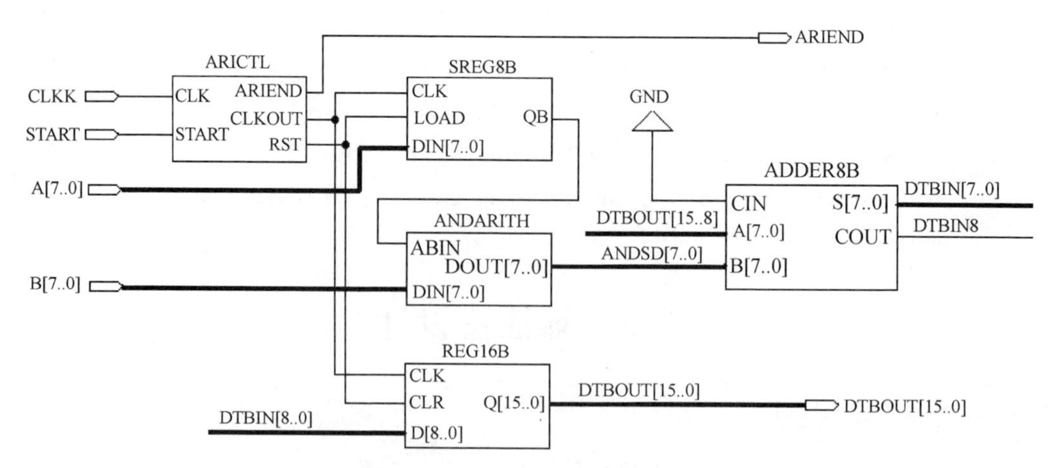

图 2.9　8×8 位乘法器的原理图

晶振的 MCS-51 单片机的乘法指令，进行 8 位乘法运算，仅单指令的运算周期就长达 4μs。因此，可以利用此乘法器或相同原理构成的更高位乘法器完成一些数字信号处理方面的运算。

三、实验内容

1. 利用图 2.8 并行算法的原理设计一个 4×4 位乘法器。
2. 利用图 2.9 的工作原理设计一个 16×16 位的乘法器。
3. 通过仿真、下载验证设计的正确性。

四、设计提示

理解各种乘法器的工作原理，使用模块化设计方法。

五、实验报告要求

1. 分析乘法器的工作原理。
2. 写出各个模块的源程序。
3. 画出仿真波形。

六、参考程序

1. 图 2.9 的 VHDL 参考程序(8 位乘法器)。

```
LIBRARY IEEE;
USE IEEE. STD_LOGIC_1164. ALL;
USE IEEE. STD_LOGIC_UNSIGNED. ALL;
ENTITY ARICTL IS
    PORT (
        CLK: IN STD_LOGIC;
        START: IN STD_LOGIC;
```

```
        CLKOUT: OUT STD_LOGIC;
        RST: OUT STD_LOGIC;
        ARIEND: OUT STD_LOGIC
    );
END ARICTL;
ARCHITECTURE behav OF ARICTL IS
    SIGNAL CNT4B: STD_LOGIC_VECTOR(3 DOWNTO 0);
BEGIN
    PROCESS(CLK, START)
    BEGIN
        RST <= START;
        IF START = '1' THEN
            CNT4B <= "0000";
        ELSIF CLK'EVENT AND CLK = '1' THEN
            IF CNT4B < 8 THEN
                CNT4B <= CNT4B + 1;
            END IF;
        END IF;
    END PROCESS;
    PROCESS(CLK, CNT4B, START)
    BEGIN
        IF START = '0' THEN
            IF CNT4B < 8 THEN
                CLKOUT <= CLK;
                ARIEND <= '0';
            ELSE
                CLKOUT <= '0';
                ARIEND <= '1';
            END IF;
        ELSE
            CLKOUT <= CLK;
            ARIEND <= '0';
        END IF;
    END PROCESS;
END behav;
LIBRARY IEEE;
USE IEEE.STD_LOGIC_1164.ALL;
ENTITY SREG8B IS                                  --8 位右移寄存器
    PORT (CLK: IN STD_LOGIC;    LOAD: IN STD_LOGIC;
```

```
            DIN: IN STD_LOGIC_VECTOR(7 DOWNTO 0);
            QB: OUT STD_LOGIC);
END SREG8B;
ARCHITECTURE behav OF SREG8B IS
    SIGNAL REG8: STD_LOGIC_VECTOR(7 DOWNTO 0);
BEGIN
    PROCESS (CLK, LOAD)
    BEGIN
        IF CLK'EVENT AND CLK = '1' THEN
            IF LOAD = '1' THEN                  --装载新数据
                REG8 <= DIN;
               ELSE                             --数据右移
                REG8(6 DOWNTO 0) <= REG8(7 DOWNTO 1);
            END IF;
        END IF;
    END PROCESS;
    QB <= REG8(0);                              --输出最低位
END behav;
LIBRARY IEEE;
USE IEEE.STD_LOGIC_1164.ALL;
ENTITY ANDARITH IS                              --选通与门模块
    PORT (ABIN: IN STD_LOGIC;
          DIN: IN STD_LOGIC_VECTOR(7 DOWNTO 0);
        DOUT: OUT STD_LOGIC_VECTOR(7 DOWNTO 0));
END ANDARITH;
ARCHITECTURE behav OF ANDARITH IS
BEGIN
    PROCESS(ABIN, DIN)
    BEGIN
        FOR I IN 0 TO 7 LOOP                    --循环,完成8位与1位运算
            DOUT(I) <= DIN(I) AND ABIN;
        END LOOP;
    END PROCESS;
END behav;
LIBRARY IEEE;
USE IEEE.STD_LOGIC_1164.ALL;
USE IEEE.STD_LOGIC_UNSIGNED.ALL;
ENTITY ADDER4B IS                               --4位加法器
    PORT (
```

```
        CIN: IN STD_LOGIC;
        A: IN STD_LOGIC_VECTOR(3 DOWNTO 0);
        B: IN STD_LOGIC_VECTOR(3 DOWNTO 0);
        S: OUT STD_LOGIC_VECTOR(3 DOWNTO 0);
        COUT: OUT STD_LOGIC
    );
END ADDER4B;
ARCHITECTURE behav OF ADDER4B IS
    SIGNAL SINT: STD_LOGIC_VECTOR(4 DOWNTO 0);
    SIGNAL AA,BB: STD_LOGIC_VECTOR(4 DOWNTO 0);
BEGIN
    AA <= '0'&A;
    BB <= '0'&B;
    SINT <= AA + BB + CIN;
    S <= SINT(3 DOWNTO 0);
    COUT <= SINT(4);
END behav;
LIBRARY IEEE;
USE IEEE.STD_LOGIC_1164.ALL;
USE IEEE.STD_LOGIC_UNSIGNED.ALL;
ENTITY ADDER8B IS                                  --8 位加法器
      PORT (      CIN: IN STD_LOGIC;
                   A: IN STD_LOGIC_VECTOR(7 DOWNTO 0);
                   B: IN STD_LOGIC_VECTOR(7 DOWNTO 0);
                   S: OUT STD_LOGIC_VECTOR(7 DOWNTO 0);
                   COUT: OUT STD_LOGIC);
END ADDER8B;
ARCHITECTURE struc OF ADDER8B IS
COMPONENT ADDER4B
    PORT (CIN: IN STD_LOGIC;
               A: IN STD_LOGIC_VECTOR(3 DOWNTO 0);
               B: IN STD_LOGIC_VECTOR(3 DOWNTO 0);
               S: OUT STD_LOGIC_VECTOR(3 DOWNTO 0);
            COUT: OUT STD_LOGIC);
END COMPONENT;
    SIGNAL CARRY_OUT: STD_LOGIC;
BEGIN
    U1: ADDER4B                        --例化(安装)1 个 4 位二进制加法器 U1
PORT MAP (CIN => CIN, A => A(3 DOWNTO 0),B => B(3 DOWNTO 0),
```

```
S => S(3 DOWNTO 0),COUT => CARRY_OUT);
    U2: ADDER4B                          --例化(安装)1个4位二进制加法器U2
PORT MAP (CIN =>CARRY_OUT, A =>A(7 DOWNTO 4),B =>B(7 DOWNTO 4),
 S =>S(7 DOWNTO 4),COUT => COUT);
END struc;
LIBRARY IEEE;
USE IEEE.STD_LOGIC_1164.ALL;
ENTITY REG16B IS                                  --16位锁存器
    PORT (
        CLK: IN STD_LOGIC;
        CLR: IN STD_LOGIC;
        D: IN STD_LOGIC_VECTOR(8 DOWNTO 0);
        Q: OUT STD_LOGIC_VECTOR(15 DOWNTO 0)
    );
END REG16B;
ARCHITECTURE behav OF REG16B IS
    SIGNAL R16S: STD_LOGIC_VECTOR(15 DOWNTO 0);
BEGIN
    PROCESS(CLK, CLR)
    BEGIN
     IF CLR ='1' THEN                             --清零信号
     R16S <="0000000000000000"; --时钟到来时,锁存输入值,并右移低8位
        ELSIF CLK'EVENT AND CLK ='1' THEN
            R16S(6 DOWNTO 0) <=R16S(7 DOWNTO 1);  --右移低8位
            R16S(15 DOWNTO 7) <=D;                --将输入锁到高9位
        END IF;
    END PROCESS;
    Q <=R16S;
END behav;
LIBRARY IEEE;
USE IEEE.STD_LOGIC_1164.ALL;
USE IEEE.STD_LOGIC_UNSIGNED.ALL;
ENTITY MULTI8X8 IS                                --8位乘法器顶层设计
    PORT (CLKK: IN STD_LOGIC;
          START: IN STD_LOGIC;
              A: IN STD_LOGIC_VECTOR(7 DOWNTO 0);
              B: IN STD_LOGIC_VECTOR(7 DOWNTO 0);
         ARIEND: OUT STD_LOGIC;
           DOUT: OUT STD_LOGIC_VECTOR(15 DOWNTO 0));
```

```
END MULTI8X8;
ARCHITECTURE struc OF MULTI8X8 IS
COMPONENT ARICTL
    PORT (   CLK: IN STD_LOGIC;     START: IN STD_LOGIC;
         CLKOUT: OUT STD_LOGIC;   RST: OUT STD_LOGIC;
        ARIEND: OUT STD_LOGIC);
END COMPONENT;
COMPONENT ANDARITH
    PORT (   ABIN: IN STD_LOGIC;
             DIN: IN STD_LOGIC_VECTOR(7 DOWNTO 0);
            DOUT: OUT STD_LOGIC_VECTOR(7 DOWNTO 0));
END COMPONENT;
COMPONENT ADDER8B
    PORT(CIN: IN STD_LOGIC;
             A: IN STD_LOGIC_VECTOR(7 DOWNTO 0);
             B: IN STD_LOGIC_VECTOR(7 DOWNTO 0);
             S: OUT STD_LOGIC_VECTOR(7 DOWNTO 0);
          COUT: OUT STD_LOGIC);
END COMPONENT;
COMPONENT SREG8B
    PORT (   CLK: IN STD_LOGIC;     LOAD: IN STD_LOGIC;
            DIN: IN STD_LOGIC_VECTOR(7 DOWNTO 0);
             QB: OUT STD_LOGIC);
END COMPONENT;
COMPONENT REG16B
    PORT (CLK: IN STD_LOGIC;   CLR: IN STD_LOGIC;
               D: IN STD_LOGIC_VECTOR(8 DOWNTO 0);
               Q: OUT STD_LOGIC_VECTOR(15 DOWNTO 0));
END COMPONENT;
    SIGNAL GNDINT: STD_LOGIC;
    SIGNAL INTCLK: STD_LOGIC;
    SIGNAL RST: STD_LOGIC;
    SIGNAL QB: STD_LOGIC;
    SIGNAL ANDSD: STD_LOGIC_VECTOR(7 DOWNTO 0);
    SIGNAL DTBIN: STD_LOGIC_VECTOR(8 DOWNTO 0);
    SIGNAL DTBOUT: STD_LOGIC_VECTOR(15 DOWNTO 0);
BEGIN
    DOUT <= DTBOUT;
    GNDINT <= '0';
```

```
U1: ARICTL   PORT MAP( CLK => CLKK,   START => START,
                     CLKOUT => INTCLK, RST => RST, ARIEND => ARIEND);
U2: SREG8B   PORT MAP( CLK => INTCLK, LOAD => RST,
                       DIN => B, QB => QB);
U3: ANDARITH PORT MAP( ABIN => QB, DIN => A,DOUT => ANDSD);
U4: ADDER8B   PORT MAP( CIN => GNDINT,
                 A => DTBOUT(15 DOWNTO 8),   B => ANDSD,
                 S => DTBIN(7 DOWNTO 0), COUT => DTBIN(8));
U5: REG16B    PORT MAP( CLK => INTCLK, CLR => RST,
               D => DTBIN,   Q => DTBOUT);
END struc;
```

2. 8 位乘法器 Verilog HDL 参考程序。

```
module ARICTL(CLK ,START , CLKOUT,RST ,ARIEND);  //控制模块
input CLK,START;
output CLKOUT, RST, ARIEND;
reg   CLKOUT, ARIEND;
wire RST;
assign RST = START;
reg[3:0] CNT4B;
always @ (posedge CLK or posedge START)
begin
 if(START)
CNT4B <= 4'b0000;
else if (CNT4B < 8)
begin
      CNT4B <= CNT4B + 1;
      end
      end
 always @ (CLK or CNT4B or START)
 if ( ! START)
 if (CNT4B < 8)
 begin
 CLKOUT <= CLK;
ARIEND <= 1'b0;
end
else
begin
CLKOUT <= 1'b0;
ARIEND <= 1'b1;
```

```
end
else
begin
CLKOUT <= CLK;
ARIEND <= 1'b0;
end
endmodule
module SREG8B (CLK, LOAD, DIN, QB);    //8 位右移寄存器
input CLK, LOAD;
input[7:0]  DIN;
output QB;
wire QB;
reg [7:0]REG8;
assign QB = REG8[0];                   //输出最低位
always @ (posedge CLK)
begin
if (LOAD)
REG8 <= DIN;                           //装载新数据
else
REG8[6:0] <= REG8[7:1];                //数据右移
end
endmodule
module ANDARITH (ABIN, DIN, DOUT);     //选通与门模块
 input ABIN;
 input[7:0] DIN;
 output[7:0] DOUT;
 reg[7:0] DOUT;
 integer I;
 always @ (ABIN or DIN)
 for (I = 0; I < 8; I = I + 1)         // 循环,完成 8 位与 1 位运算
DOUT[I] = DIN[I] & ABIN;
endmodule
module ADDER8B (A, B,CIN, S, COUT);    //8 位加法器
input CIN;
input[7:0]   A, B;
output[7:0]   S;
output  COUT;
assign {COUT,S} = A + B + CIN;
endmodule
```

```
module REG16B(CLK,CLR,D,Q);                    //16 位锁存器
input CLK,CLR;
input[8:0] D;
output[15:0] Q;
wire[15:0] Q;
reg[15:0] R16S;
 assign Q = R16S;
always @ (posedge CLK or posedge CLR)
begin
if (CLR)
 R16S <= 16'h0000;                             //清零
 else
 begin
 R16S[6:0] <= R16S[7:1];                       //右移低 8 位
 R16S[15:7] <= D;                              //将输入锁到高 9 位
 end
 end
 endmodule
module MULTI8X8 (CLKK,START, A, B, ARIEND, DOUT);
                                               //8 位乘法器顶层设计
input CLKK,START;
input[7:0]A,B;
output   ARIEND;
output[15:0]   DOUT;
wire GNDINT,INTCLK,RST,QB;
wire[7:0]   ANDSD;
wire[8:0]   DTBIN;
wire[15:0] DTBOUT;
assign DOUT = DTBOUT;
assign GNDINT = 1'b0;
ARICTL    U1(.CLK (CLKK),.START (START),
             .CLKOUT (INTCLK), .RST(RST), .ARIEND (ARIEND));
SREG8B    U2(.CLK (INTCLK), .LOAD (RST),.DIN (B), .QB (QB));
ANDARITH U3(.ABIN (QB), .DIN (A),.DOUT(ANDSD));
ADDER8B   U4(.CIN (GNDINT), .A (DTBOUT[15:8]),.B (ANDSD[7:0]),
               .S(DTBIN[7:0]), .COUT (DTBIN[8]));
REG16B    U5(.CLK (INTCLK), .CLR(RST),.D (DTBIN),.Q (DTBOUT));
endmodule
```

2.6　七人表决器设计

一、实验目的

1. 掌握组合逻辑电路的设计方法。
2. 学习使用行为级描述方法设计电路。

二、实验原理

七人表决器是对 7 个表决者的意见进行表决的电路。该电路使用 7 个电平开关作为表决器的 7 个输入变量,当输入电平为“1” 时表示表决者“同意”,输入电平为“0” 时表示表决者“不同意”。该电路的输出变量只有 1 个,用于表示表决结果,当表决器 7 个输入变量中有不少于 4 个输入变量为“1”时,其表决结果输出逻辑高电平“1”,表示表决“通过”;否则,输出逻辑低电平“0”,表示表决“不通过”。

七人表决器的可选设计方案非常多,可以使用全加器的组合逻辑。使用 VHDL 进行设计的时候,可以选择行为级描述、寄存器级描述、结构描述等方法。

当采用行为级描述的时候,采用一个变量记载选择“通过”的总人数,当这个变量的数值大于等于 4 时,表决通过,一灯亮。否则,表决不通过,另一灯亮。因此,设计时需要检查每一个输入的电平,将逻辑高电平的输入数目进行相加,并且进行判断,从而决定表决是否通过。

三、实验内容

1. 设计实验实现实验原理中的描述。
2. 通过仿真、下载验证设计结果的正确性。

四、实验报告要求

1. 分析七人表决器的工作原理。
2. 写出源程序。
3. 画出仿真波形。

五、参考程序

1. 七人表决器 VHDL 参考程序。

```
LIBRARY IEEE;
USE IEEE.STD_LOGIC_1164.ALL;
USE IEEE.STD_LOGIC_UNSIGNED.ALL;
ENTITY vote7 IS
PORT (men: IN std_logic_vector (6 downto 0);
        LedPass,LedFail: OUT STD_LOGIC);
```

```
END vote7;
ARCHITECTURE behave OF vote7 IS
  signal pass: std_logic;
BEGIN
  PROCESS (men)
      variable temp:std_logic_vector(2 downto 0);
     BEGIN
       temp: ="000";
       for i in 0 to 6 loop
          if(men(i) ='1') then
             temp: =temp +1;
          else
             temp: =temp +0;
          end if;
       end loop;
       pass <=temp(2);
    END PROCESS;
    LedPass <='1' WHEN pass ='1' ELSE '0';
    LedFail <='1' WHEN pass ='0' ELSE '0';
END behave;
```

2. 七人表决器的 Verilog HDL 参考程序。

```
module Vote7(in, LedPass,LedFail);
input[7:1]in;
output LedPass,LedFail;
reg LedPass,LedFail;
integer K;
always @ (in)begin
K =in[1] +in[2] +in[3] +in[4] +in[5] +in[6] +in[7];
if(K <4)
begin LedPass =0;LedFail =1;end
else
begin LedPass =1;LedFail =0;end
end
endmodule
```

第 3 章　时序电路设计

3.1　触发器设计

一、实验目的

1. 掌握时序电路的设计方法。
2. 掌握 D 触发器的设计方法。
3. 掌握 JK 触发器的设计方法。

二、实验原理

触发器是具有记忆功能的基本逻辑单元，是组成时序逻辑电路的基本单元电路，在数字系统中有着广泛的应用。因此，熟悉各类触发器的逻辑功能、掌握各类触发器的设计是十分必要的。

1. D 触发器。

上升沿触发的 D 触发器有一个数据输入端 D、时钟输入端 CLK、数据输出端 Q，其逻辑符号如图 3.1 所示。

D 触发器的特性方程为 $Q^{n+1}=D$。

D 触发器的特性表如表 3.1 所示。

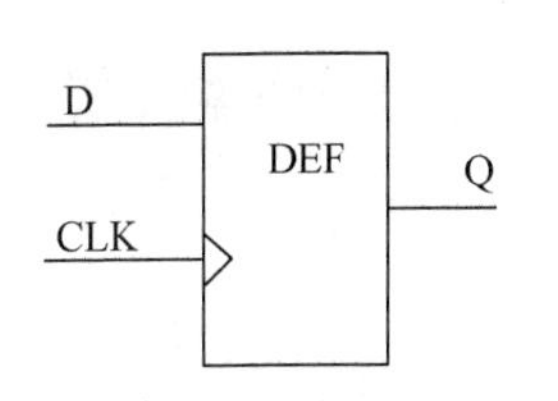

图 3.1　D 触发器逻辑电路图

表 3.1　D 触发器的特性表

CP	D	Q^n	Q^{n+1}	注释
×	×	×	Q^n	保持
↑	0	0	0	置 0
↑	0	1	0	
↑	1	0	1	置 1
↑	1	1	1	

从表 3.1 可以看出，只有在上升沿的脉冲到来之后，才可以将输入 D 的值传递到输出 Q。

2. JK 触发器。

JK 触发器的种类很多，结构有所不同。JK 触发器的特性表如表 3.2 所示。

JK 触发器的特性方程为 $Q^{n+1}=J\cdot\overline{Q^n}+\overline{K}\cdot Q^n$。

表 3.2 JK 触发器的特性表

J	K	Q^n	Q^{n+1}	注释	J	K	Q^n	Q^{n+1}	注释
0	0	0	0	保持	1	0	0	1	置 1
0	0	1	1		1	0	1	1	
0	1	0	0	置 0	1	1	0	1	计数
0	1	1	0		1	1	1	0	

本次实验设计一个具有复位、置位功能的边沿 JK 触发器,其逻辑符号如图 3.2 所示,特性表如表 3.3 所示。

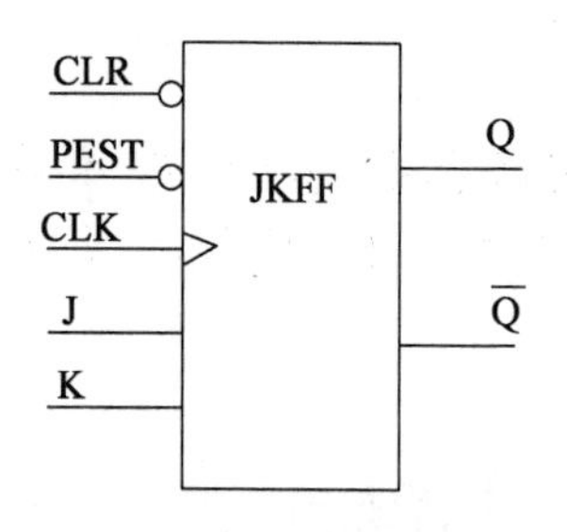

图 3.2 JK触发器逻辑电路图

表 3.3 具有复位、置位功能的 JK 触发器特性表

输入端					输出端	
PSET	CLR	CLK	J	K	Q	$\overline{Q}$
0	1	×	×	×	1	0
1	0	×	×	×	0	1
0	0	×	×	×	×	×
1	1	↑	0	1	0	1
1	1	↑	1	1	翻转	翻转
1	1	↑	0	0	不变	不变
1	1	↑	1	0	1	0
1	1	0	×	×	不变	不变

从表 3.3 可以看出,PSET = 0 时,触发器置数 Q = 1,CLR = 0 时触发器清零 Q = 0, 当 PSET = CLR = J = K = 1 时,在 CLK 上升沿的时候触发器翻转。

三、实验内容

1. 通过分析、仿真验证两种触发器的逻辑功能和触发方式。

2. 在 D 触发器和 JK 触发器的基础上设计其他类型的触发器,如 T 触发器、带异步复位/置位的 D 触发器。

T 触发器的赋值条件为:

T = 1 时,q <= NOT q,在时钟上升沿赋值;

T = 0 时,q <= q,在时钟上升沿赋值。

带异步复位/置位的 D 触发器真值表如表 3.4 所示。

3. 通过仿真、下载验证设计的正确性。

表 3.4　带异步复位/置位的 D 触发器真值表

CLR	PSET	D	CLK	Q
0	×	×	×	0
1	0	×	×	1
1	1	0	上升沿	0
1	1	1	上升沿	1
1	1	×	0	不变
1	1	×	1	不变

四、设计提示

时序电路的初始状态是由复位信号来设置的,根据复位信号对时序电路复位的操作不同,可以分为同步复位和异步复位。同步复位是当复位信号有效且在给定的时钟边缘到来时,触发器才复位。异步复位是一旦复位信号有效,时序电路立即复位,与时钟信号无关。

五、实验报告要求

1. 分析、比较各种不同触发器的原理和工作方式。
2. 写出源程序。
3. 画出仿真波形。

六、参考程序

1. D 触发器的 VHDL 程序。

```
LIBRARY  IEEE;
USE IEEE.STD_LOGIC_1164.ALL;
ENTITY dffq  IS
  PORT  (d, clk: IN STD_LOGIC  ;
            Q: OUT STD_LOGIC) ;
END dffq;
ARCHITECTURE dff1 OF dffq  IS
  BEGIN
P1: PROCESS(clk)
      BEGIN
       IF  (clk'EVENT AND clk = '1')  THEN
         Q <= d ;                     -- 在 clk 上升沿, d 赋予 q
      END IF;
END PROCESS P1;
END dff1;
```

```
--不用敏感表,采用 WAIT 语句设计 D 触发器
LIBRARY  IEEE;
USE IEEE.STD_LOGIC_1164.ALL;
ENTITY dffqw  IS
  PORT  (d, clk: IN STD_LOGIC;
           Q: OUT STD_LOGIC);
END dffqw;
ARCHITECTURE dff2 OF dffqw  IS
  BEGIN
    P1: PROCESS
      BEGIN
        WAIT UNTIL clk'EVENT AND clk ='1' ;
         Q <=d ;   -- 等待时钟变为 1 的时刻, 输入值赋予输出端
END PROCESS P1;
END dff2;
```

2. JK 触发器的 VHDL 程序。

```
LIBRARY  IEEE;
USE IEEE.STD_LOGIC_1164.ALL;
ENTITY jkdff  IS
  PORT  (clk, clr, pset, j, k: IN STD_LOGIC;
         Q, qb: OUT STD_LOGIC);
END jkdff;
ARCHITECTURE rtl OF jkdff IS
    SIGNAL q_s, qb_s: STD_LOGIC;
  BEGIN
      PROCESS  (clk, pset, clr, j, k)
        BEGIN
          IF  (pset ='0')  THEN
             Q_s <='1';
             Qb_s <='0' ;
          ELSIF (clr ='0')   THEN
             Q_s <='0';
             Qb_s <='1';          --pset =0 , clr =0 , 输出应该不确定
             ELSIF  (clk'EVENT AND clk ='1') THEN
              IF (j ='0') AND (k ='1')  THEN
              Q_s <='0' ;
              Qb_s <='1' ;
              ELSIF (j ='1') AND (k ='0')  THEN
                Q_s <='1' ;
```

```
                    Qb_s <= '1' ;
                    ELSIF (j = '1') AND (k = '1')  THEN
                      Q_s <= NOT q_s ;
                      Qb_s <= NOT qb_s ;
                    END IF ;
              END IF;
              Q <= q_s ;
             Qb <= qb_s ;
     END PROCESS;
 END rtl;
```

3. 异步复位/置位 D 触发器 Verilog HDL 参考程序。

```
module dff1(q, qb, d, clk, Pset, clr);
input d, clk, Pset, clr;
output q, qb;
reg q, qb;
always @(posedge clk or negedge Pset or negedge clr)
begin
  if (!clr) begin
      q = 0;                            //清零
      qb = 1;
  end else if (!Pset) begin
      q = 1;                            //置 1
      qb = 0;
  end else begin
      q = d;                            //在 clk 上升沿，d 赋予 q
      qb = ~d;
  end
end
endmodule
```

4. JK 触发器 Verilog HDL 参考程序。

```
module dff2(q, clk,J ,K);
input clk, J, K;
output q;
reg q;
always @(posedge clk)
begin
     case({J,K})
         2'b10: q = 1;
         2'b01: q = 0;
```

```
            2'b00: q = q;
            2'b11: q = ~q;
        endcase
    end
    endmodule
```

3.2 寄存器和移位寄存器设计

一、实验目的

1. 学习并掌握通用寄存器的设计方法。
2. 学习并掌握移位寄存器的设计方法。

二、实验原理

1. 寄存器。

寄存器用于寄存一组二值代码，在数字系统和数字计算机中有着广泛的应用。由于一个触发器能储存 1 位二值代码，因此可用 n 个触发器构成 n 位寄存器，可储存 n 位二值代码。

构成寄存器的触发器只要求它们具有置 0、置 1 的功能即可。而 D 触发器仅具有置 0、置 1 功能，可非常方便地构成寄存器，因此，一般采用 D 触发器设计寄存器。

在 D 触发器的设计中，用 IF 语句说明触发器翻转的条件。若条件成立，则将外部输入数据存入寄存器中；若条件不成立，则触发器不工作，其数据不发生变化，从而达到寄存数据的功能。

2. 移位寄存器。

移位寄存器是具有移位功能的寄存器，寄存器中的代码能够在移位脉冲的作用下依次左移或右移。根据移位寄存器移位方式不同可分为单向移位寄存器、双向移位寄存器及循环移位寄存器。根据移位寄存器存取信息的方式不同可分为串入串出、串入并入、并入串出、并入并出四种形式。

三、实验内容

1. 设计一个 16 位的通用寄存器。
2. 设计一个 8 位左循环移位寄存器。
3. 设计一个 8 位串入串出移位寄存器。
4. 设计一个 8 位串入并出移位寄存器。
5. 通过仿真、下载验证设计的正确性。

四、设计提示

可以利用 D 触发器设计出 8 位寄存器及移位寄存器。

移位寄存器的种类很多,除了左、右循环移位外,移位寄存器移出后的空位有的补“0”,有的补“1”,可以根据需要编写程序。

五、实验报告要求

1. 分析、比较各种不同移位寄存器的原理和工作方式。
2. 写出源程序。
3. 画出仿真波形。

六、参考程序

1. 8 位通用寄存器的 VHDL 程序。

```
LIBRARY IEEE;
USE IEEE. STD_LOGIC_1164. ALL;
ENTITY   reg_logic   IS
PORT    (d: IN STD_LOGIC_VECTOR  (0 TO 7);
            Clk: IN STD_LOGIC;
            Q: OUT STD_LOGIC_VECTOR  (0 TO 7));
END reg_logic;
ARCHITECTURE example OF reg_logic IS
BEGIN
  PROCESS (clk)
  BEGIN
    IF (clk' event AND clk = '1'  )   THEN
      Q <= d ;
    END IF;
  END PROCESS;
END example;
```

2. 8 位右循环移位寄存器的 VHDL 程序。

```
LIBRARY IEEE;
USE IEEE. STD_LOGIC_1164. ALL;
ENTITY   ror_shift_reg IS
POTT (load,clk: IN STD_LOGIC;
              pin: IN STD_LOGIC_VECTOR  (7 DOWNTO 0) ;
              pout: OUT STD_LOGIC_VECTOR (7 DOWNTO 0)) ;
END;
ARCHITECTURE  behav OF ror_shift_reg IS
```

```
    signal data1: STD_LOGIC_VECTOR  (7 DOWNTO 0);
    signal temp: STD_LOGIC;
  BEGIN
       PROCESS
          BEGIN
            WAIT UNTIL clk'event AND clk = '1';
            IF(load = '0')   THEN
             data1 <= pin;
            ELSE
              temp = data(0);
              data(6 DOWNTO  0) <= data(7 DOWNTO  1);
              data <= temp&data(6 DOWNTO 0);
            END IF;
          END PROCESS;
          pout <= data;
  END behav;
```

3. 8位通用寄存器 Verilog HDL 参考程序。

```
module reg8(d, clk, q);
input [7:0]d;
input clk;
output [7:0]q;
reg [7:0]q;
always @ (posedge clk)
      q = d;
endmodule
```

4. 循环移位寄存器 Verilog HDL 参考程序。

```
module shiftercyc(din, clk, load, dout);
input clk, load;
parameter size = 8;
input[size:1] din;
output[size:1] dout;
reg[size:1] dout;
reg temp;
always @ (posedge clk)
begin
     if (load)
          dout = din;
     else begin
               temp = dout[1];
```

```
            dout = dout > > 1;
            dout[ size ] = temp;
          end
end
endmodule
```

5. 8 位移位寄存器的 VHDL 源程序。

```
LIBRARY IEEE;
USE IEEE. STD_LOGIC_1164. ALL;
ENTITY sreg166 IS
  PORT (clr, sl, ckin, clk, si: IN STD_LOGIC;
        D: IN STD_LOGIC_VECTOR (7 DOWNTO 0);
        Q: OUT STD_LOGIC) ;
END sreg166;
ARCHITECTURE behave OF sreg166 IS
SIGNAL tmpreg8: STD_LOGIC_VECTOR (7 DOWNTO 0);
BEGIN
  PROCESS (clr, sl, ckin, clk)
  BEGIN
     IF (clr = '0') THEN
        Tmpreg8 <= "00000000";
        Q <= tmpreg8(7) ;
     ELSIF (clk' event) AND (clk = '1')   THEN
      IF ckin = '0' THEN
        IF (sl = '0') THEN
            Tmpreg8(0) <= d(0);
            Tmpreg8(1) <= d(1);
            Tmpreg8(2) <= d(2);
            Tmpreg8(3) <= d(3);
            Tmpreg8(4) <= d(4);
            Tmpreg8(5) <= d(5);
            Tmpreg8(6) <= d(6);
            Tmpreg8(7) <= d(7);
            Q <= tmpreg8(7);
         Elsif (sl = '1') THEN
                FOR i IN tmpreg8'HIGH DOWNTO tmpreg8'LOW + 1 LOOP
                  Tmpreg8(i) <= tmpreg8(i - 1);
              END LOOP;
                Tmpreg8(tmpreg8'LOW) <= si;
                Q <= TMPREG8(7);
```

```
            END IF;
          END IF;
        END IF;
  END PROCESS;
  END behave;
```

其中：

D0 ~ D7:8 位并行数据输入端；

SI:串行数据输入端；

Q7:串行数据输出端；

Q0 ~ Q6:内部数据输出端；

CLK:同步时钟输入端；

CKIN:时钟信号禁止端；

SL:移位/装载控制端；

CLR:同步清零端。

表 3.5 为该 8 位移位寄存器的真值表，由表可知：

CLR = 0，输出 Q 为 0；

CKIN = 1，时钟禁止，不管时钟如何变化，输出不变化；

SL = 1，移位状态，在时钟上升沿控制下向右移一位，SI 串入数据移入 Q0，而 Q 的输出将是移位前的内部 Q6；

SL = 0，装载状态，8 位输入数据装载到寄存器 Q。

表 3.5　8 位移位寄存器真值表

输入					输出	
CLR	SL	CKIN	CLK	SI	Q0 ~ Q6	Q7
0	×	×	×	×	0 0	0
1	0	0	上升沿	×	D0 ~ D6	D7
1	1	0	上升沿	1	1　Q5	Q6
1	1	0	上升沿	0	0　Q5	Q6
1	1	1	×	×	Q0　Q6	D7

6. 8 位串入/串出移位寄存器 Verilog HDL 参考程序。

```
module Shift_Reg(D,Clock,Z) ;
input D,Clock;
output Z;
reg[1:8]Q;
integer P;
always @ (negedge Clock)
begin
for (P = 1;P < 8;P = P + 1)
```

```
begin
Q[P+1] = Q[P];
 Q[1] = D;
end
end
assign Z = Q[8];
endmodule
```

7. 8 位并入/串出移位寄存器 Verilog HDL 参考程序。

```
module shifter_piso(data_in, load,clk, clr,  data_out);
parameter size = 8;
input load,clk, clr;
input[size:1]data_in;
output data_out;
reg data_out;
reg[size:1]shif_reg;
always @ (posedge clk)
begin
    if ( ! clr)
    shif_reg = 'b0;
    else if (load)
    shif_reg = data_in;
      else
         begin
            shif_reg = shif_reg < <1;
            shif_reg[1] =0;
         end
data_out = shif_reg[size];
end
endmodule
```

3.3　计数器设计

一、实验目的

1. 学习并掌握时序逻辑电路的设计。
2. 熟练掌握计数器的设计。

二、实验原理

计数器是数字系统中使用最多的时序逻辑电路，其应用范围非常广泛。计数器不仅能用于对时钟脉冲计数，而且还用于定时、分频、产生节拍脉冲和脉冲序列以及进行数字运算等。

计数器的种类很多。按构成计数器的各触发器是否同时翻转来分，可分为同步计数器和异步计数器。在同步计数器中，当时钟脉冲输入时触发器的翻转是同时发生的；而在异步计数器中，触发器的翻转有先有后，不是同时发生的。根据计数进制的不同，可分为二进制计数器、十进制计数器和任意进制计数器。根据计数过程中计数器的数字增减分类，可分为加法计数器、减法计数器和可逆计数器。随着计数脉冲的不断输入而作递增计数的称为加法计数器，作递减计数的称为减法计数器，可增可减的称为可逆计数器。

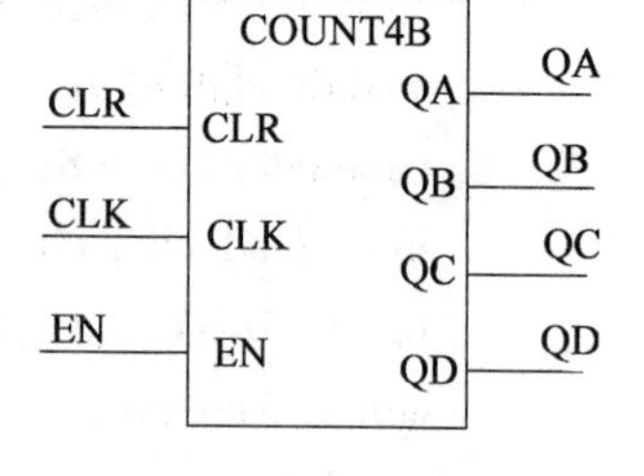

图 3.3　4 位同步二进制加法计数器逻辑符号

1. 4 位同步二进制计数器。

图 3.3 是具有异步复位、计数允许的 4 位同步二进制加法计数器的功能图，表 3.6 是它的功能表。

表 3.6　4 位同步二进制加法计数器功能表

输入端			输出端			
CLR	EN	CLK	QD	QC	QB	QA
1	×	×	0	0	0	0
0	0	×	不变	不变	不变	不变
0	1	上升沿	计数值加 1			

2. 同步十进制计数器。

74160 是一个具有异步清零、可预置数的同步十进制加法计数器，利用它的工作原理，可以设计一个十进制可预置数计数器。图 3.4 是它的逻辑符号，表 3.7是它的功能表。其中：

CLK：时钟信号输入端；

CLRN：清零输入端；

ENT 、ENP：工作状态控制输入端；

A、B、C、D：预置数输入端；

LDN：预置数控制输入端；

QD、QC、QB、QA：计数输出端；

RCO：进位输出端。

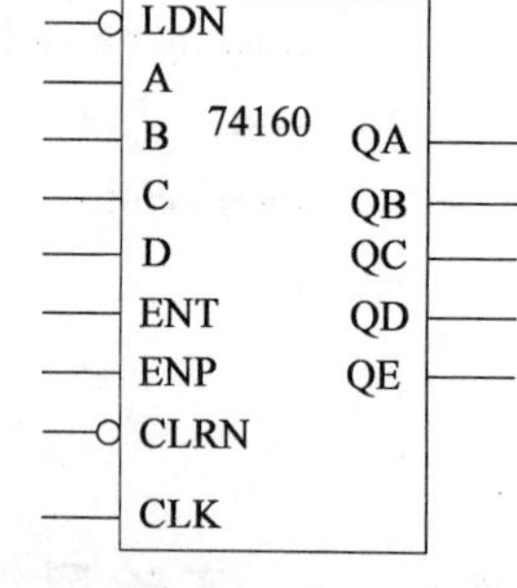

图 3.4　74160 逻辑符号

表 3.7　74160 的功能表

输入端									输出端				
CLK	LDN	CLRN	ENP	ENT	D	C	B	A	QD	QC	QB	QA	RCO
×	×	0	×	×					0	0	0	0	0
上升沿	0	1	×	×	D	C	B	A	D	C	B	A	×
上升沿	1	1	×	0					QD	QC	QB	QA	×
上升沿	1	1	0	×					QD	QC	QB	QA	0
上升沿	1	1	1	1					0	0	0	0	0
上升沿	1	1	1	1					0	0	0	1	0
上升沿	1	1	1	1					0	0	1	0	0
上升沿	1	1	1	1					0	0	1	1	0
上升沿	1	1	1	1					0	1	0	0	0
上升沿	1	1	1	1					0	1	0	1	0
上升沿	1	1	1	1					0	1	1	0	0
上升沿	1	1	1	1					0	1	1	1	0
上升沿	1	1	1	1					1	0	0	0	0
上升沿	1	1	1	1					1	0	0	1	1

三、实验内容

1. 设计一个 8 位可逆计数器,可逆计数器的功能表如表 3.8 所示。

表 3.8　8 位可逆计数器功能表

CLR	UPDOWN	CLK	Q7 Q6 Q5 Q4 Q3 Q2 Q1 Q0
1	×	×	0 0 0 0 0 0 0 0
0	1	上升沿	加 1 操作
0	0	上升沿	减 1 操作

其中:UPDOWN 为可逆计数器的计数方向控制端,当 UPDOWN =1 时,计数器加 1 操作;当 UPDOWN =0 时,计数器减 1 操作。

2. 设计一个 8 位异步计数器。
3. 设计具有 74160 功能的计数器模块,编写源程序。
4. 设计一个具有可预置数的 8 位加/减法计数器,编写源程序。
5. 通过仿真、下载验证设计的正确性。

四、设计提示

同步计数器在时钟脉冲 CLK 的控制下,构成计数器的各触发器状态同时发生变化;异步计数器下一位计数器的输出作为上一位计数器的时钟信号,即其由这样的串行连接构成。

注意同步复位和异步复位。

五、实验报告要求

1. 分析计数器的工作原理。
2. 写出源程序。
3. 画出仿真波形。

六、参考程序

1. 4 位二进制同步计数器的 VHDL 程序。

```
LIBRARY IEEE;
USE IEEE. STD_LOGIC_1164. ALL;
USE IEEE. STD_LOGIC_UNSIGNED. ALL;
ENTITY count4 IS
  PORT (clk, clr, en: IN STD_LOGIC;
        Qa, qb, qc, qd: OUT STD_LOGIC);
END count4;
ARCHITECTURE example OF count4 IS
    SIGNAL count_4: STD_LOGIC_VECTOR (3 DOWNTO 0);
BEGIN
    Qa <= count_4 (0);
    Qb <= count_4 (1);
    Qc <= count_4 (2);
    Qd <= count_4 (3);
PROCESS  (clk, clr)
      BEGIN
       IF (clr =1′ ) THEN
          Count_4 <= ″0000″;
        ELSIF  (clk′ event AND clk =1′ ) THEN
          IF (en =1′ ) THEN
            IF (count_4 =″1111″ ) THEN
                 count_4 <= “0000”;
              ELSE
                Count_4 <= count_4 + 1;
              END IF;
          END IF;
      END IF;
      END PROCESS;
END example;
```

2. 4 位二进制同步计数器 Verilog HDL 参考程序。

```
module count4(clr, EN, clk, qd);
input clr, EN,clk;
output[3:0] qd;
reg[3:0] qd;
always @ (posedge clk)
if (clr)
qd =0;
else
if (EN)
   qd = qd + 1;
else
qd = qd;
endmodule
```

3. 74160 的 VHDL 参考程序。

```
LIBRARY IEEE;
USE IEEE.STD_LOGIC_1164.ALL;
USE IEEE.STD_LOGIC_UNSIGNED.ALL;
ENTITY ls160 IS
PORT(data: IN std_logic_vector(3 downto 0);
        clk,ld,enp,ent,clr: IN std_logic;
        count: BUFFER std_logic_vector(3 downto 0);
        rco:OUT std_logic);
END ls160;
ARCHITECTURE behavior OF ls160 IS
BEGIN
   rco <='1' when (count ="1001" and enp ='1' and ent ='1' and ld ='1' and
   clr ='1') else '0';
PROCESS (clk, clr, enp, ent, ld)
   BEGIN
   IF(clr ='0') THEN
          count <="0000";
   ELSIF(rising_edge(clk)) THEN
          IF(ld ='1') THEN
             IF (enp ='1') THEN
                IF(ent ='1')then
                   IF(count ="1001")then
                          count <="0000";
```

```
                    ELSE
                       count <= count + 1;
                    END IF;
                    ELSE
                       count <= count;
                    END IF;
               ELSE
                   count <= count;
               END IF;
            ELSE
               count <= data;
            END IF;
     END IF;
   END PROCESS ;
   END behavior;
```

4. 十进制可预置、可加/减计数器 Verilog HDL 参考程序。

```
module PNcounter(Clk, Q, CLRN, LDN, I,ENP, ENT, RCO);
input Clk, CLRN, LDN,ENP, ENT;
input[3:0] I;
output[3:0] Q;
output RCO;
reg RCO;
reg[3:0] Q;
always @ (posedge Clk   or   negedge CLRN)
begin
if( ~CLRN)
begin Q =0; RCO =0;end
else   begin casex({LDN, ENP, ENT})
               3'b0xx: Q = I;                                          //置数
               3'b101: if(Q >0) Q = Q - 1;else Q =9;                   //十进制减计数
               3'b110: if(Q <9) Q = Q +1;else begin Q =0;RCO =1;end
                                                                       //十进制加计数
               default:Q = Q;
               endcase
        end
end
endmodule
```

3.4　模可变 16 位计数器设计

一、实验目的

1. 进一步熟悉并掌握计数器的设计。
2. 学习模可变计数器的设计。

二、实验原理

模可变 16 位计数器的逻辑图如图 3.5 所示。CLK 为时钟输入,M[2..0]为模式控制端,可实现最多 8 种不同模式的计数方式。例如,可构成七进制、十进制、十六进制、三十三进制、一百进制、一百二十九进制、二百进制和二百五十六进制共 8 种计数模式。

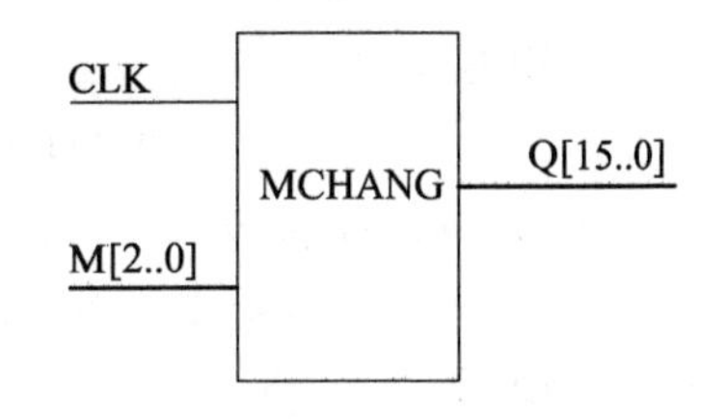

图 3.5　模可变 16 位计数器的逻辑图

三、实验内容

1. 设计模可变的 16 位加法计数器。
2. 设计一个具有 4 种模式的 8 位加/减法计数器。
3. 通过仿真、下载验证设计的正确性。

四、实验报告要求

1. 分析模可变加法计数器的工作原理。
2. 写出源程序。
3. 画出仿真波形。

五、参考程序

1. 模可变的 16 位加法计数器的 VHDL 参考程序。

```
--m=000→七进制
--m=001→十进制
--m=010→十六进制
--m=011→三十三进制
--m=100→一百进制
--m=101→一百二十九进制
--m=110→二百进制
--m=111→二百五十六进制
LIBRARY IEEE;
USE IEEE.STD_LOGIC_1164.ALL;
```

```
USE IEEE.STD_LOGIC_UNSIGNED.ALL;
ENTITY mchag IS
PORT (clk: IN STD_LOGIC;
          m: IN STD_LOGIC_VECTOR(2 DOWNTO 0);
          pout: BUFFER STD_LOGIC_VECTOR(15 DOWNTO 0));
END mchag;
ARCHITECTURE behav OF mchag IS
SIGNAL m_temp: STD_LOGIC_VECTOR(2 DOWNTO 0);
BEGIN
    PROCESS
BEGIN
                WAIT UNTIL clk'EVENT AND clk ='1';
 IF(m_temp/ =m)   THEN
    m_temp <= m;pout <= "0000000000000000";
ELSE
     IF m ="000" THEN
        IF pout <6 THEN pout <= pout +1;
        ELSE pout <= "0000000000000000";    --七进制计数器
        END IF;

     ELSIF m ="001" THEN
        IF pout <9 THEN pout <= pout +1;
        ELSE pout <= "0000000000000000";    --十进制计数器
        END IF;
     ELSIF m ="010" THEN
        IF pout <15 THEN pout <= pout +1;
        ELSE pout <= "0000000000000000";    --十六进制计数器
        END IF;
     ELSIF m ="011" THEN
        IF pout <32 THEN pout <= pout +1;
        ELSE pout <= "0000000000000000";    --三十三进制计数器
        END IF;
     ELSIF m ="100" THEN
        IF pout <99 THEN pout <= pout +1;
        ELSE pout <= "0000000000000000";    --一百进制计数器
        END IF;
     ELSIF m ="101" THEN
        IF pout <128 THEN pout <= pout +1;
        ELSE pout <= "0000000000000000";    --一百二十九进制计数器
```

```
            END IF;
        ELSIF m ="110" THEN
            IF pout <199 THEN pout <= pout +1;
            ELSE pout <="0000000000000000";    --二百进制计数器
            END IF;
        ELSE
            IF pout <255 THEN pout <= pout +1;
            ELSE pout <="0000000000000000";    --二百五十六进制计数器
            END IF;
       END IF;
    END IF;
    END PROCESS;
    END behav;
```

2. 模可变的 16 位加法计数器的 Verilog HDL 参考程序。

```
module mchag(clk, m,Q);
input clk;
input[2:0] m;
output[15:0] Q;
integer cnt;
assign Q = cnt;
always @ (posedge clk)
begin
case(m)
3'b000: if(cnt <4) cnt = cnt  +1; else cnt =0;        //五进制计数器
3'b001: if(cnt <9) cnt = cnt  +1; else cnt =0;        //十进制计数器
3'b010: if(cnt <15) cnt = cnt  +1; else cnt =0;       //十六进制计数器
3'b011: if(cnt <45) cnt = cnt  +1; else cnt =0;       //四十六进制计数器
3'b100: if(cnt <99) cnt = cnt  +1; else cnt =0;       //一百进制计数器
3'b101: if(cnt <127) cnt = cnt  +1; else cnt =0;      //一百二十八进制计数器
3'b110: if(cnt <199) cnt = cnt  +1; else cnt =0;      //二百进制计数器
3'b111: if(cnt <255) cnt = cnt  +1; else cnt =0;      //二百五十六进制计数器
endcase
end
endmodule
```

3.5　序列检测器设计

一、实验目的

学习序列检测器的设计。

二、实验原理

序列检测器可用于检测一组或多组由二进制码组成的脉冲序列信号,在数字通信领域有着广泛的应用。当序列检测器连续收到一组串行二进制码后,如果这组码与检测器中预先设置的码相同,则输出1,否则输出0。由于这种检测的关键在于接收到的序列信号必须是连续的,这就要求检测器必须记住前一次接收的二进制码以及正确的码序列,并且在连续检测中所接收到的每一位码都与预置数的对应码相同。在检测过程中,任何一位不相等都将回到初始状态重新开始检测。如图3.6所示,当一串待检测的串行数据进入检测器后,若此数在每一位的连续检测中都与预置的密码数相同,则输出“A”,否则输出“B”。

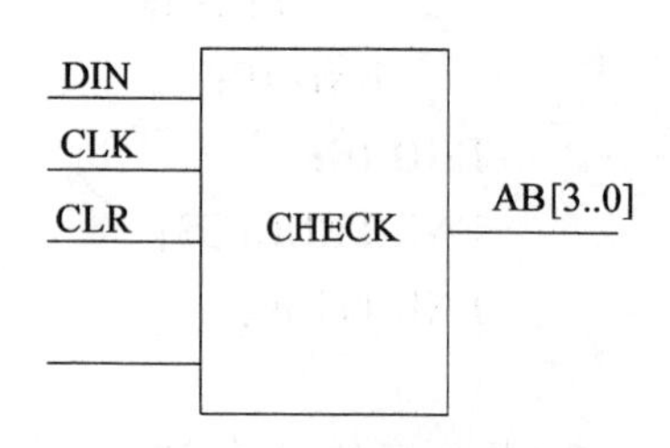

图3.6　8位序列检测器逻辑图

三、实验内容

1. 设计图3.6所描述的序列检测器。
2. 根据上面的原理,设计能检测两组不同的串行输入序列的序列检测器。
3. 通过仿真、下载验证设计的正确性。

四、实验报告要求

1. 分析序列检测器的原理。
2. 写出源程序。
3. 画出仿真波形。

五、参考程序

1. 序列检测器的VHDL参考程序。

```
LIBRARY IEEE;
USE IEEE.STD_LOGIC_1164.ALL;
ENTITY check IS
    PORT (din, clk, clr: IN STD_LOGIC;
                    d: IN STD_LOGIC_VECTOR(7 DOWNTO 0);
                   ab: OUT STD_LOGIC_VECTOR(3 DOWNTO 0));
```

```
END CHK;
ARCHITECTURE behav OF check  IS
    SIGNAL Q: INTEGER RANGE 0 TO 8;
BEGIN
PROCESS(clk, clr)
BEGIN
IF clr = '1' THEN   Q <= 0;
ELSIF clk'EVENT AND clk = '1' THEN
 CASE Q IS
    WHEN 0 =>   IF din = D(7) THEN Q <= 1; ELSE Q <= 0; END IF;
WHEN 1 =>   IF din = D(6) THEN Q <= 2; ELSE Q <= 0; END IF;
WHEN 2 =>   IF din = D(5) THEN Q <= 3; ELSE Q <= 0; END IF;
WHEN 3 =>   IF din = D(4) THEN Q <= 4; ELSE Q <= 0; END IF;
WHEN 4 =>   IF din = D(3) THEN Q <= 5; ELSE Q <= 0; END IF;
WHEN 5 =>   IF din = D(2) THEN Q <= 6; ELSE Q <= 0; END IF;
WHEN 6 =>   IF din = D(1) THEN Q <= 7; ELSE Q <= 0; END IF;
WHEN 7 =>   IF din = D(0) THEN Q <= 8; ELSE Q <= 0; END IF;
WHEN OTHERS =>    Q <= 0;
    END CASE;
END IF;
END PROCESS;
PROCESS(Q)
BEGIN
        IF Q = 8    THEN    AB <= "1010";              --输出“A”
        ELSE                AB <= "1011";              --输出“B”
        END IF;
END PROCESS;
END behav;
```

2. 序列检测器的 Verilog HDL 参考程序。

```
module Check(din, clk, Clr, d, ab);
input din, clk, Clr;
input[7:0]d;
output[3:0]ab;
reg[3:0]ab;
integer Q;
always @ (posedge clk)
begin
if (Clr)
```

```
Q =0;
else case(Q)
          0: begin if (din == d[7]) Q =1;else Q =0;end
          1: begin if (din == d[6]) Q =2;else Q =0;end
          2: begin if (din == d[5]) Q =3;else Q =0;end
          3: begin if (din == d[4]) Q =4;else Q =0;end
          4: begin if (din == d[3]) Q =5;else Q =0;end
          5: begin if (din == d[2]) Q =6;else Q =0;end
          6: begin if (din == d[1]) Q =7;else Q =0;end
          7: begin if (din == d[0]) Q =8;else Q =0;end
          default:Q =0;
     endcase
end
always @ (Q)
if(Q ==8)
ab =4'b1010;        // 输出"A"
else ab =4'b1011;  // 输出"B"
endmodule
```

第 4 章　综合设计型实验

4.1　数字秒表设计

一、实验任务及要求

设计用于体育比赛的数字秒表,要求:

1. 计时精度大于 1/1000 秒,计时器能显示 1/1000 秒的时间,提供给计时器内部定时的时钟频率为 12MHz;计时器的最长计时时间为 1 小时,为此需要一个 7 位的显示器,显示的最长时间为 59 分 59.999 秒。

2. 设计复位和起/停开关。

(1) 复位开关用来使计时器清零,并做好计时准备。

(2) 起/停开关的使用方法与传统的机械式计时器相同,即按一下起/停开关,启动计时器开始计时,再按一下起/停开关计时终止。

(3) 复位开关可以在任何情况下使用,即使在计时过程中,只要按一下复位开关,计时进程立刻终止,并对计时器清零。

3. 采用层次化设计方法设计符合上述功能要求的数字秒表。

4. 对电路进行功能仿真,通过波形确认电路设计是否正确。

5. 完成电路全部设计后,通过在实验箱中下载,验证设计的正确性。

二、设计说明与提示

秒表的逻辑结构图如图 4.1 所示,主要有分频器、十进制计数器(1/10 秒、1/100 秒、1/1000秒、秒的个位、分的个位,共 5 个十进制计数器)以及秒的十位和分的十位两个六进制计数器。设计中首先需要获得一个比较精确的 1000Hz 计时脉冲,即周期为 1/1000 秒的计时脉冲。其次,除了对每一计数器需设置清零信号输入外,还需在 4 个十进制计数上设置时钟使能信号,即计时允许信号,以便作为秒表的计时起停控制开关。7 个计数器中的每一计数的 4 位输出,通过外设的 BCD 译码器输出显示。图 4.1 中 7 个 4 位二进制计数输出的显示值分别为:DOUT[3..0]显示千分之一秒、DOUT[7..4]显示百分之一秒、DOUT[11..8]显示十分之一秒、DOUT[15..12]显示秒的个位、DOUT[19..16]显示秒的十位、DOUT[23..20]显示分的个位、DOUT[27..24]显示分的十位。

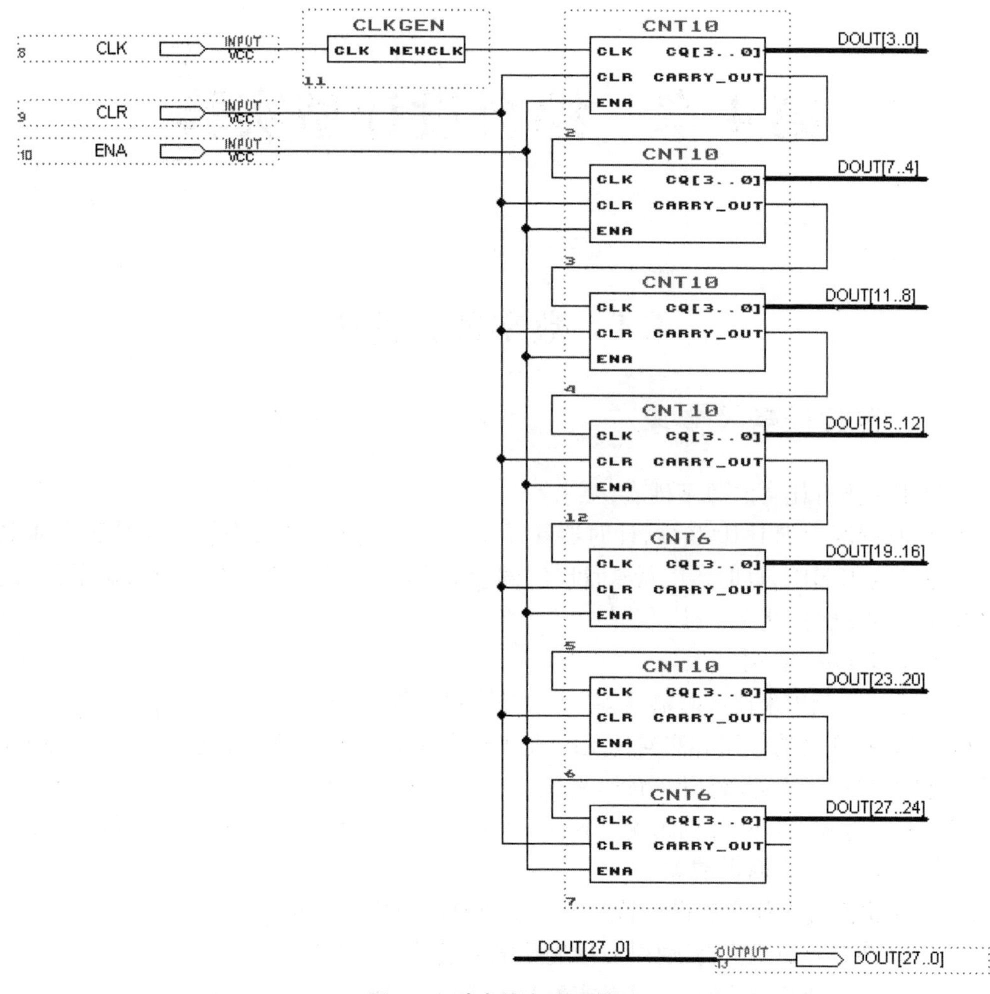

图 4.1　秒表的电路逻辑图

三、实验报告要求

1. 分析秒表的工作原理,画出时序波形图。
2. 画出顶层原理图。
3. 写出各功能模块的源程序。
4. 画出各功能模块仿真波形。
5. 书写实验报告时应结构合理、层次分明。

4.2　频率计设计

一、实验任务及要求

1. 设计一个可测频率的数字式频率计,测量范围为 1Hz ~ 12MHz。该频率计的逻辑图如图 4.2 所示。

2. 用层次化设计方法设计该电路,编写各个功能模块的程序。
3. 仿真各功能模块,通过观察有关波形确认电路设计是否正确。
4. 完成电路设计后,通过在实验系统中下载,验证设计的正确性。

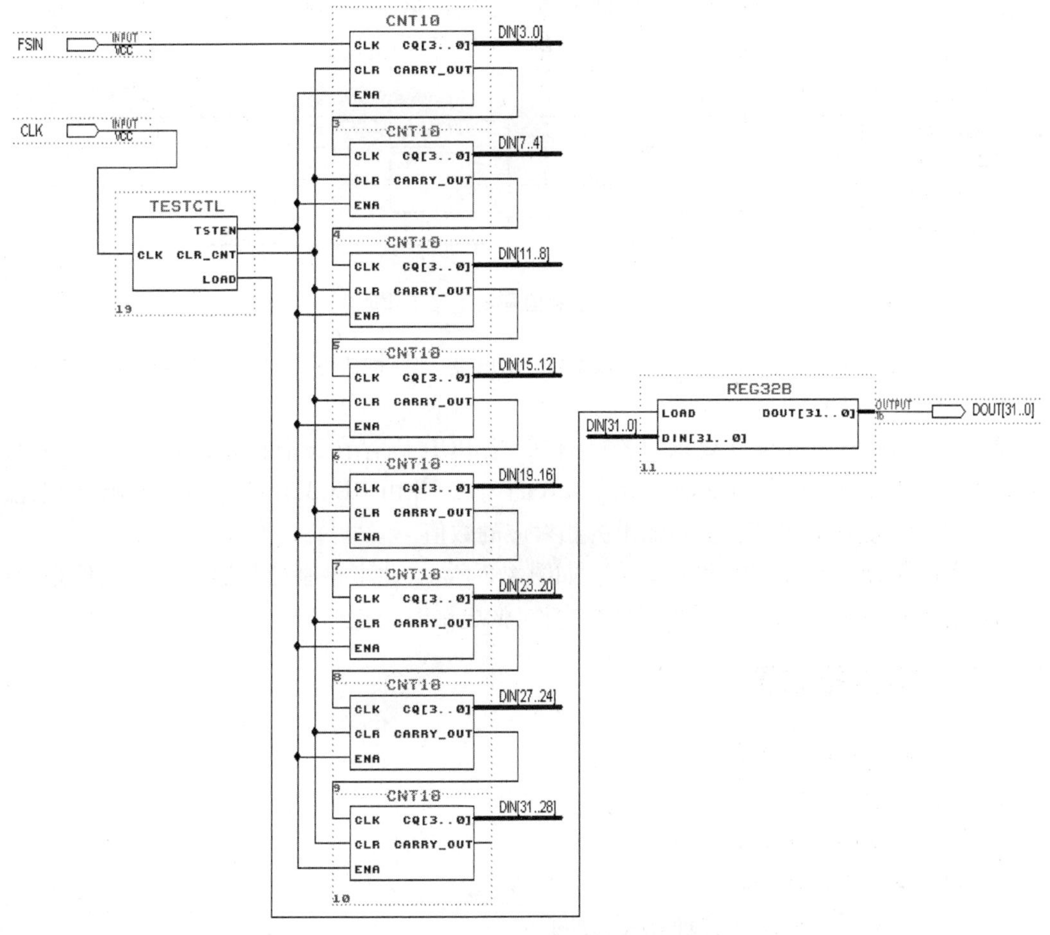

图 4.2　8 位十进制数字频率计逻辑图

二、设计说明与提示

由图 4.2 可知:8 位十进制数字频率计,由一个测频控制信号发生器 TESTCTL、8 个有时钟使能的十进制计数器 CNT10、一个 32 位锁存器 REG32B 组成。

1. 测频控制信号发生器设计要求。频率测量的基本原理是计算每秒钟内待测信号的脉冲个数。这就要求 TESTCTL 的计数使能信号 TSTEN 能产生一个 1 秒脉宽的周期信号,并对频率计的每一计数器 CNT10 的 ENA 使能端进行不同控制。当 TSTEN 高电平时允许计数、低电平时停止计数,并保持其所计的数。在停止计数期间,首先需要一个锁存信号 Load 的上跳沿将计数器在前 1 秒钟的计数值锁存进 32 位锁存器 REG32B 中,且由外部的七段译码器译出并稳定显示。设置锁存器的好处是,显示的数据稳定,不会由于周期性的清零信号而不断闪烁。锁存信号之后,必须有一清零信号 CLR_CNT 对计数器进行清零,为下 1 秒钟的计数操作做准备。测频控制信号发生器的工作时序如图 4.3 所示。为了产生这个时序图,需首先建立一个由D触发器构成的二分频器,在每次时钟CLK上沿到来时使其值翻转。其中控制信号时钟CLK的频率为1Hz,那么信号TSTEN的脉宽恰好为1秒,可以用作闸门信号。然后根据测频的时序要求,可得出信号Load和CLR_CNT的逻辑描述。由图4.3可见,在计数完成后,即计数使能信号TSTEN在1秒的高电平后,利用其反相值的上跳沿产生一个锁存信号Load,0.5秒后,CLR_CNT产生一个清零信号上跳沿。

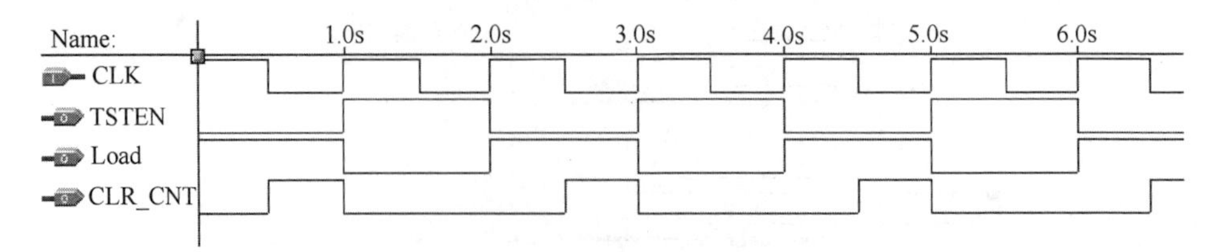

图4.3　测频控制信号发生器工作时序

高质量的测频控制信号发生器的设计十分重要,设计中要对其进行仔细的实时仿真(TIMING SIMULATION),防止可能产生的毛刺。

2. 寄存器REG32B设计要求。若已有32位BCD码存在于此模块的输入口,在信号Load的上升沿后即被锁存到寄存器REG32B的内部,并由REG32B的输出端输出,经七段译码器译码后,能在数码管上显示输出的相对应的数值。

3. 十进制计数器CNT10设计要求。如图4.2所示,此十进制计数器的特殊之处是,有一时钟使能输入端ENA,当高电平时计数允许,低电平时禁止计数。

三、实验报告要求

1. 分析频率计的工作原理。
2. 画出顶层原理图。
3. 写出各功能模块的源程序。
4. 画出各仿真模块的波形。
5. 书写实验报告应结构合理、层次分明。

4.3　多功能数字钟设计

一、实验任务及要求

1. 能进行正常的时、分、秒计时功能,分别由6个数码管显示24小时、60分钟、60秒钟。

2. 能利用实验系统上的按键实现校时、校分功能。

(1) 按下开关键1时,计时器迅速递增,并按24小时循环,计满23小时后回00。

(2) 按下开关键2时,计分器迅速递增并按59分钟循环,计满59分钟后回00,不向时进位。

(3) 按下开关键3时,秒清零。

3. 能利用扬声器做整点报时。

(1) 当计时到达 59′50″时开始报时，在 59″、50″、52″、54″、56″、58″鸣叫，鸣叫声频率可为 512Hz。

(2) 到达 59′60″时为最后一声整点报时，整点报时频率可定为 1kHz。

4. 用层次化设计方法设计该电路，编写各个功能模块的程序。

5. 仿真报时功能，通过观察有关波形确认电路设计是否正确。

6. 完成电路设计后，通过在实验系统中下载，验证设计的正确性。

二、设计说明与提示

系统顶层框图如图 4.4 所示，其原理如图 4.5 所示。

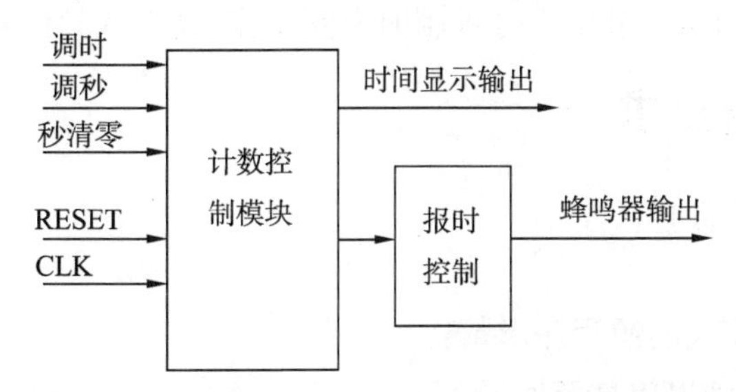

图 4.4　系统顶层框图

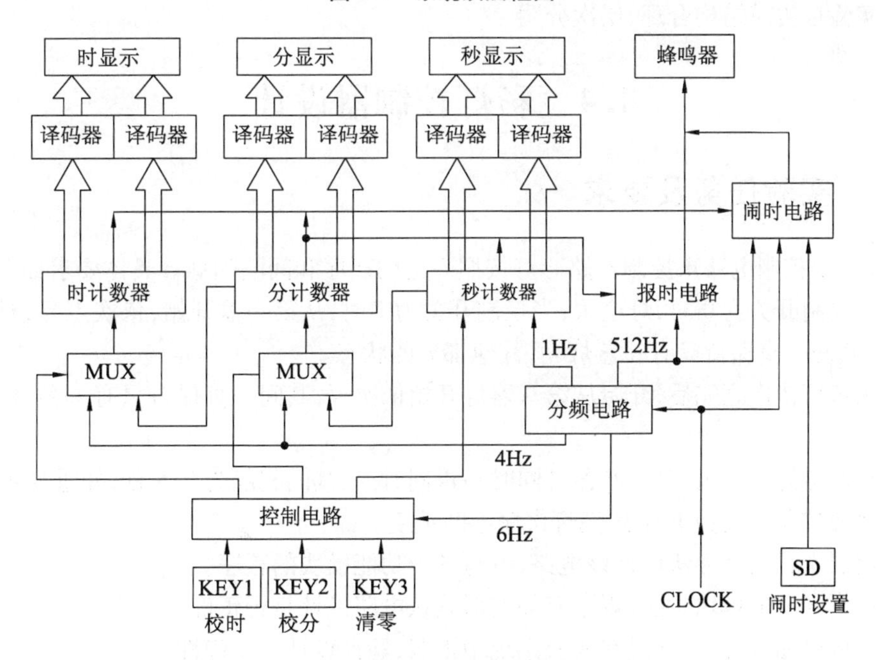

图 4.5　系统原理图

模块电路功能如下：

1. 秒计数器、分计数器、时计数器组成了最基本的数字钟计时电路，其计数输出送七段译码电路，由数码管显示。

2. 基准频率分频器可分频出标准的 1Hz 频率信号用于秒计数的时钟信号；分频出 4Hz 频率信号用于校时、校分的快速递增信号；分频出 64Hz 频率信号用于对于按动校时、校分按键的消除抖动。

3. MUX 模块是二选一数据选择器，用于校时、校分与正常计时的选择。

4. 控制电路模块是一个校时、校分、秒清零的模式控制模块，64Hz 频率信号用于键 KEY1、KEY2、KEY3 的消除抖动。而模块的输出则是一个边沿整齐的输出信号。

5. 报时电路模块需要 512Hz 频率信号，通过一个组合电路完成，前五声讯响功能报时电路还需用一个触发器来保证整点报时时间为 1 秒。

6. 闹时电路模块也需要 512Hz 或 1kHz 音频信号以及来自秒计数器、分计数器和时计数器的输出信号作本电路的输入信号。

7. 闹时电路模块的工作原理如下：按下闹时设置按键 SD 后，将一个闹时数据存入D 触发器内，时钟正常运行，D 触发器内存的闹时时间与正在运行的时间进行比较，当比较的结果相同时，输出一个启动信号触发一分钟闹时电路工作，输出音频信号。

三、实验报告要求

1. 分析系统的工作原理。
2. 画出顶层原理图。
3. 写出各个功能模块的源程序。
4. 仿真报时功能，画出仿真波形。
5. 实验报告应结构合理、层次分明。

4.4 彩灯控制器设计

一、实验任务及要求

设计一个控制电路来控制八路彩灯按照一定的次序和间隔闪烁。具体要求如下：

1. 当控制开关为 0 时，灯全灭；当控制开关为 1 时，从第一盏开始，依次点亮，时间间隔为 1 秒。其间一直保持只有一盏灯亮，其他都灭的状态。

2. 八盏灯依次亮完后，开始从第八盏灯开始依次灭，其间一直保持只有一盏灯灭，其他都亮的状态。

3. 当八盏灯依次灭完后，八盏灯同时亮再同时灭，其间间隔为 0.5 秒，并重复 4 次。

4. 只要控制开关为 1，上述亮灯次序不断重复。

5. 用层次化设计方法设计该电路，编写各个功能模块的程序。

6. 仿真各功能模块，通过观察有关波形确认电路设计是否正确。

7. 完成电路设计后，通过在实验系统中下载，验证设计的正确性。

二、设计说明与提示

系统框图如图 4.6 所示，彩灯控制器分为三个部分，第一个模块（BACK）由一个计数器控制，当计数器的输出是高电平时模块输出“11111111”，低电平时输出“00000000”，所以此模块的功能就是以 2Hz 的频率不停地输出“11111111”和“00000000”。第二个模块（MOVE）由一个 1 位计数器和一个 5 位计数器组成。其中 1 位计数器是作为分频器使用

的，它的输出是 1Hz 的时钟；5 位计数器有两个功能：一方面控制它的输出在“00000”到“10111”之间输出彩灯的 24 个状态，另一方面控制 CO 的状态。CO 是下一个模块（MUX21）的控制信号，当计数的值小于 24 时输出 0，这时 MUX21 选择输出此计数器输出的中间 8 位信号；当计数器的值大于等于 24 时，CO 等于 1，此时 MUX21 选择输出 BACK 输出的 8 位信号。

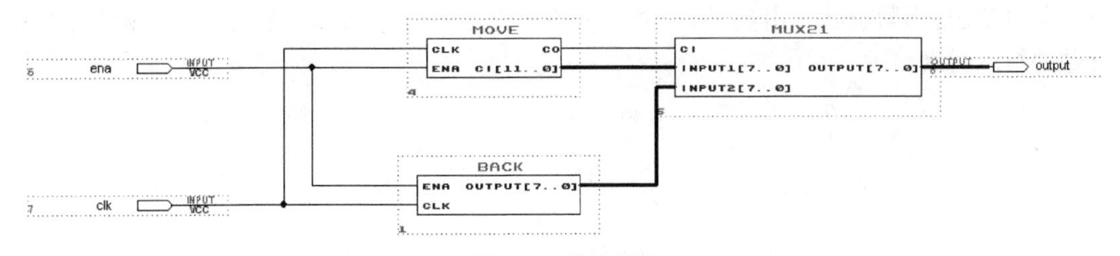

图 4.6　系统框图

三、实验报告要求

1. 分析电路的工作原理。
2. 画出顶层原理图。
3. 写出各个功能模块的程序。
4. 仿真各功能模块，画出仿真波形。
5. 书写实验报告应结构合理、层次分明。

4.5　交通灯控制器设计

一、实验任务及要求

1. 能显示十字路口东西、南北两个方向的红灯、黄灯、绿灯的指示状态，用两组发光管表示两个方向的红灯、黄灯、绿灯。

2. 能实现正常的倒计时功能。

用两组数码管 LED 作为东西、南北方向的时间显示，时间为红灯 45 秒、绿灯 40 秒、黄灯 5 秒。

3. 能实现特殊状态的功能。

按键 1 按下后能实现：

(1) 计数器停止计数并保持在原来的状态。

(2) 东西、南北路口均显示红灯状态。

(3) 特殊状态解除后能继续计数。

4. 能实现总体清零功能。

按键 2 按下后系统实现总清零，计数器由初始状态计数，对应状态的指示灯亮。

5. 用层次化设计方法设计该电路，编写各个功能模块的程序。

6. 仿真各功能模块，通过观察有关波形确认电路设计是否正确。

7. 完成电路设计后，通过在实验系统中下载，验证设计的正确性。

二、设计说明与提示

计数值与交通灯的亮灭的关系如图4.7所示。

设东西和南北方向的车流量大致相同,因此红灯、黄灯、绿灯的时长也相同,定为红灯45秒、黄灯5秒、绿灯40秒,同时用数码管指示当前状态(红、黄、绿)剩余时间。另外,设计一个紧急状态,当紧急状态出现时,两个方向都禁止通行,指示红灯;紧急状态解除后,重新计数并指示时间。

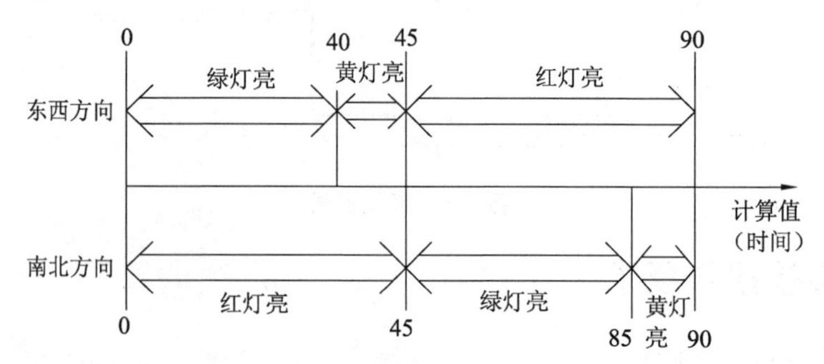

图4.7　计数值与灯的亮灭关系

三、实验报告要求

1. 分析系统的工作原理。
2. 画出交通灯控制器原理图。
3. 叙述各模块的工作原理,写出各功能模块的源程序。
4. 仿真各功能模块,画出仿真波形。
5. 书写实验报告应结构合理、层次分明。

4.6　密码锁设计

一、实验任务及要求

1. 安锁状态。

按下开关键SETUP,密码设置灯亮时,方可进行密码设置操作。设置初始密码0~9(或二进制8位数),必要时可以更换。再按SETUP键,密码有效。

2. 开锁过程。

(1) 按启动键(START)启动开锁程序,此时系统内部应处于初始状态。

(2) 依次键入0~9(或二进制8位数)。

(3) 按开门键(OPEN)准备开门。

若按上述程序执行且拨号正确,则开门指示灯A亮,若按错密码或未按上述程序执行,则按动开门键OPEN后,警报装置鸣叫、灯B亮。

(4) 开锁处理事务完毕后,应将门关上,按SETUP键使系统重新进入安锁状态。若在报警状态,按SETUP键或START键应不起作用,应另用一按键RESET才能使系统进入安

锁状态。

3. 使用者如按错号码可在按 OPEN 键之前,按 START 键重新启动开锁程序。

4. 设计符合上述功能的密码锁,并用层次化方法设计该电路。

5. 用功能仿真方法验证,通过观察有关波形确认电路设计是否正确。

6. 完成电路设计后,通过在实验系统中下载,验证设计的正确性。

二、设计说明与提示

系统原理如图 4.8 所示。

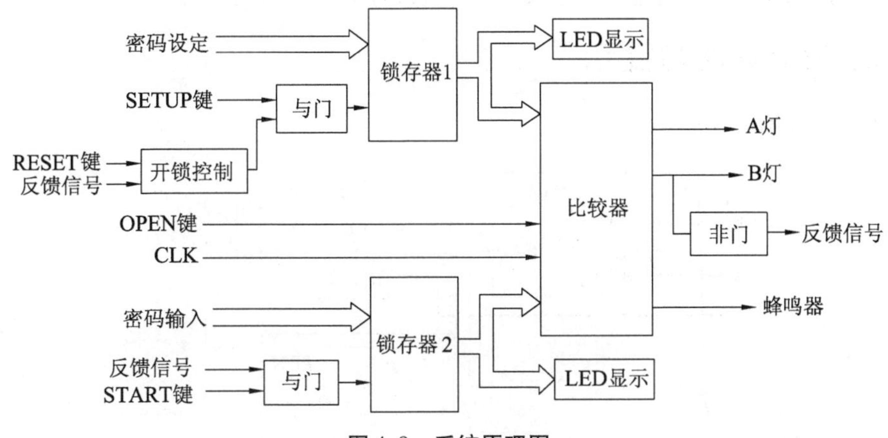

图 4.8　系统原理图

1. 锁存器:用于实现设定密码和输入密码的锁存。

2. 比较器:用于将设定密码与输入密码相比较。其中,CLK 为外部输入的时钟信号。若输入密码正确,则 A 灯亮;否则 B 灯亮,同时比较器输出与 CLK 一样的信号,驱动蜂鸣器发出报警声。

3. 开锁控制:当反馈信号下降沿来到时,开锁控制输出低电平,用于在输入错误密码后禁止再次安锁;当 RESET 脚为高电平时,开锁控制输出高电平,打开与门,这时锁存器 1 使能端的变化受控于 SETUP 键,重新进入安锁状态。

4. LED 显示:用于设定密码或输入密码的显示。此项设计的目的是为了在下载演示时,能清楚地看到设置和输入的密码值。该项可不做。

三、实验报告要求

1. 分析系统的工作原理。

2. 画出顶层原理图,写出顶层文件源程序。

3. 写出各功能模块的源程序。

4. 仿真各功能模块,画出仿真波形。

5. 书写实验报告应结构合理、层次分明。

4.7 数控脉宽可调信号发生器设计

一、实验任务及要求

1. 实现脉冲宽度可数字调节的信号发生器。
2. 用层次化设计方法设计该电路,编写各个功能模块的程序。
3. 仿真各功能模块,通过观察有关波形确认电路设计是否正确。
4. 完成电路设计后,通过在实验系统中下载,验证设计的正确性。

二、设计说明与提示

系统框图如图4.9所示。

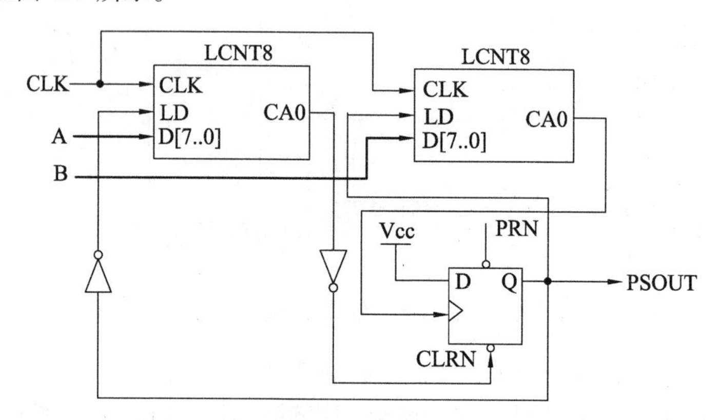

图4.9 系统框图

1. 信号发生器由两个完全相同的可自加载加法计数器 LCNT8 组成,输出信号的高低电平脉宽分别由两组8位可预置数加法计数器控制。

2. 加法计数器的溢出信号为本计数器的预置数的加载信号 LD。

3. D 触发器的一个重要功能就是均匀输出信号的占空比。

4. A、B 为8位预置数。

三、实验报告要求

1. 分析系统的工作原理。
2. 画出顶层原理图,写出顶层文件源程序。
3. 写出各功能模块的源程序。
4. 仿真各功能模块,画出仿真波形。
5. 书写实验报告应结构合理、层次分明。

4.8　出租车计费器设计

一、实验任务及要求

1. 实现计费功能,计费标准为:

按行驶里程收费,起步费为10.00元,并在车行3 km后再按1.8元/km收费,当计数里程达到或超过5 km时,按2.7元/km计费,车停止不计费。

2. 设计动态扫描电路,能显示公里数(百位、十位、个位、十分位),能显示车费(百元、十元、元、角)。

3. 设计符合上述功能要求的方案,并用层次化设计方法设计该电路。

4. 仿真各个功能模块,并通过有关波形确认电路设计是否正确。

5. 完成电路全部设计后,通过在系统实验箱中下载,验证设计的正确性。

二、设计说明与提示

系统框图如图4.10所示。其中,PULSE2为十分频的分频器,COUNTER为计费模块,COUNTER2为里程计算模块,SCAN_LED为计费显示模块,SCAN_LED2为里程显示模块,SOUT为计程车状态控制模块。

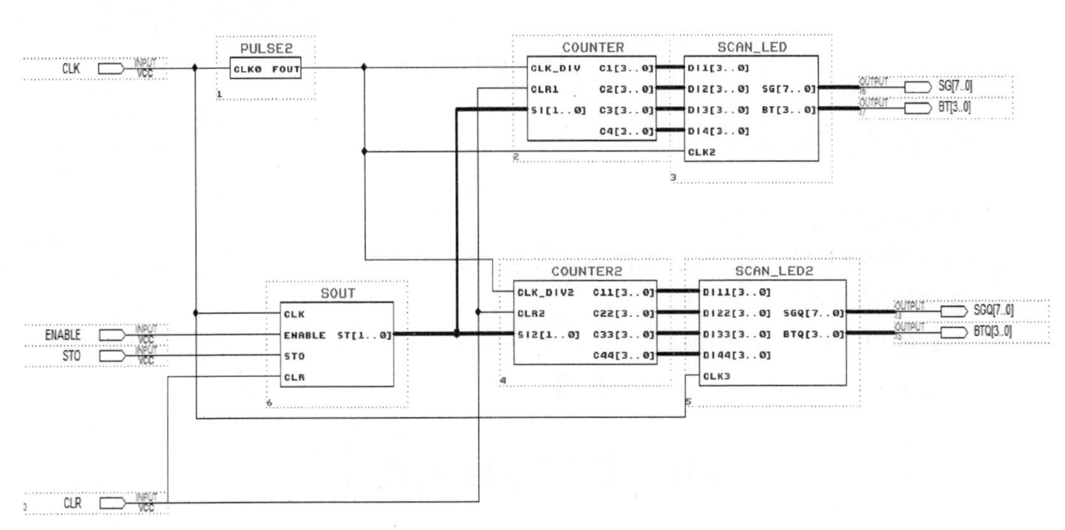

图4.10　系统框图

三、实验报告要求

1. 分析系统的工作原理。

2. 画出顶层原理图,写出顶层文件源程序。

3. 写出各功能模块的源程序。

4. 仿真各功能模块,画出仿真波形。

5. 书写实验报告应结构合理、层次分明。

4.9 万年历设计

一、实验任务及要求

1. 能进行正常的年、月、日和时、分、秒的日期和时间计时功能，按键 KEY1 用来进行模式切换，当 KEY1 =1 时，显示年、月、日；当 KEY1 =0 时，显示时、分、秒。

2. 能利用实验系统上的按键实现年、月、日和时、分、秒的校对功能。

3. 用层次化设计方法设计该电路，编写各个功能模块的程序。

4. 仿真报时功能，通过观察有关波形确认电路设计是否正确。

5. 完成电路设计后，通过在实验系统中下载，验证设计的正确性。

二、设计说明与提示

万年历的设计思路可参考4.3 多功能数字钟设计。图4.11 为万年历的显示格式。

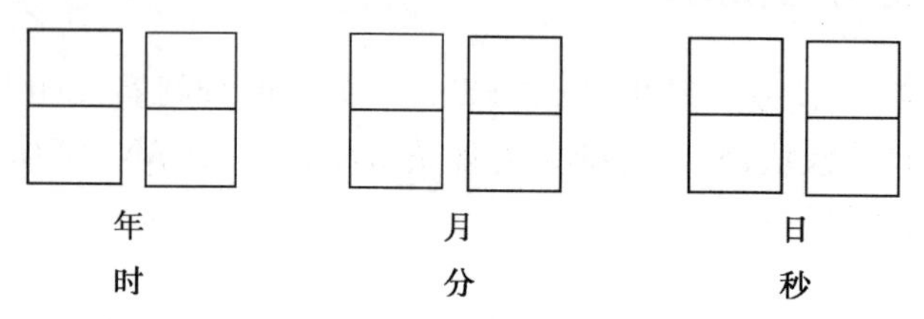

图4.11 万年历的显示格式

三、实验报告要求

1. 分析系统的工作原理。

2. 画出顶层原理图，写出顶层文件源程序。

3. 写出各功能模块的源程序。

4. 仿真各功能模块，画出仿真波形。

5. 书写实验报告应结构合理、层次分明。

4.10 数字电压表设计

一、实验任务及要求

1. 通过 A/D 转换器 ADC0809 或 ADC0804 将输入的 0 ~5V 的模拟电压转换为相应的数字量，然后通过进制转换在数码管上进行显示。

2. 要求被测电压的分辨率为0.02。

3. 设计符合上述功能的方案，并用层次化方法设计该电路。

4. 功能仿真，通过观察有关波形确认电路设计是否正确。

5. 完成电路设计后，通过在实验系统中下载，验证设计的正确性。

二、设计说明与提示

与微处理器或单片机相比，CPLD/FPGA 更适用于直接对高速 A/D 器件的采样控制。例如，数字图像或数字信号处理系统前向通道的控制系统设计。

本实验设计的接口器件选为 ADC0809，也可为 AD574A 或者 ADC0804。利用 CPLD 或 FPGA 目标器件设计一采样控制器，按照正确的工作时序控制 ADC0809 或 ADC0804 的工作。以 DAC0809 为例，其系统框图如图 4.12 所示。

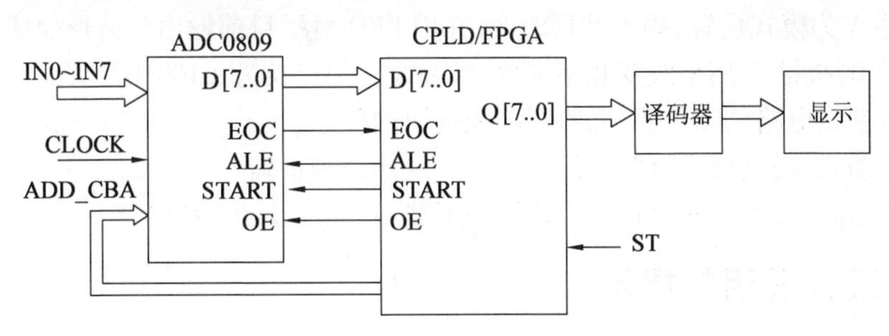

图 4.12　系统框图

图 4.12 中 ADC0809 为单极性输入、8 位转换精度、逐次逼进式 A/D 转换器，其采样速度为每次转换约 100μs。IN0 ~ IN7 为 8 路模拟信号输入通道；由 ADDA、ADDB 和 ADDC（ADDC 为最高位）作为此 8 路通道选择地址，在转换开始前由地址锁存允许信号 ALE 将此 3 位地址锁入锁存器中，以确定转换信号通道；EOC 为转换结束状态信号，由低电平转为高电平时指示转换结束，低电平指示正在转换；START 为转换启动信号，上升沿启动；OE 为数据输出允许，高电平有效；CLK 为 ADC 转换时钟（500kHz 左右）。为了达到 A/D 器件的最高转换速度，A/D 转换控制器必须包含监测 EOC 信号的逻辑，一旦 EOC 从低电平变为高电平，即可将 OE 置为高电平，然后传送或显示已转换好的数据 D[7..0]。

CPLD 为采样控制器，其中 D[7..0]为 ADC0809 转换结束后的输出数据，Q[7..0]通过七段译码器由数码管显示出来；ST 为采样控制时钟信号，ALE 和 START 分别是通道选择地址锁存信号和转换启动信号；变换数据输出使能 OE 由 EOC 取反后控制。本项设计由于通过监测 EOC 信号，可以达到 0809 最快的采样速度，所以只要目标器件的速度允许，ST 可接受任何高的采样控制频率。

三、实验报告要求

1. 理解 A/D 转换器的工作原理和方式。
2. 画出 A/D 转换器的工作时序图。
3. 分析采样控制器的工作原理，写出采样控制模块的程序。
4. 写出码制转换模块，把采集的数据转换为 BCD 码，经译码器译码后通过 LED 进行显示。
5. 仿真各功能模块，画出仿真波形。
6. 书写实验报告应结构合理、层次分明。

4.11 波形发生器设计

一、实验任务及要求

1. 通过 D/A 转换器 DAC0832 输出三角波、方波、正弦波、锯齿波。
2. 要求波形数据存放在 CPLD 片内 RAM 中,从 RAM 中读出数据进行显示。
3. 按键 A 为模式设置,用于波形改变,并用 LED 显示目前输出的波形模式 1、2、3、4。
4. 按键 B、按键 C 用来改变频率变化,频率改变的步长为 ±100Hz。
5. 分析逻辑电路的工作原理,编写功能模块的程序。
6. 功能仿真,通过观察有关波形确认电路设计是否正确。
7. 完成电路设计后,通过在实验系统中下载,验证设计的正确性。

二、设计说明与提示

在数字信号处理、语音信号的 D/A 变换、信号发生器等实用电路中,PLD 器件与 D/A 转换器的接口设计是十分重要的。本项实验设计的接口器件是 DAC0832,这是一个 8 位 D/A转换器,转换周期为 1μs,它的 8 位待转换数据 data 来自 CPLD 目标芯片,其参考电压与 +5V 工作电压相接。系统框图如图 4.13 所示。

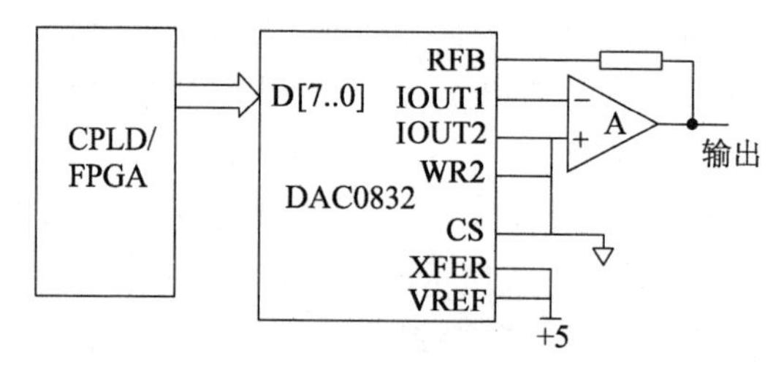

图 4.13 系统框图

引脚功能简述如下:

ILE(PIN19):数据锁存允许信号,高电平有效,系统板上已直接连在 +5V 上;

/WR1、/WR2(PIN2、18):写信号 1、2,低电平有效;

/XFER(PIN17):数据传送控制信号,低电平有效;

VREF(PIN8):基准电压,可正可负, -10V ~ +10V;

RFB(PIN9):反馈电阻端;

IOUT1/IOUT2(PIN11、12):电流输出 1 和 2,DAC0832 D/A 转换量是以电流形式输出的,所以必须利用一个运放,将电流信号变为电压信号;

GND/DGND(PIN3、10):模拟地与数字地,在高速情况下,此二地的连接线必须尽可能短,且系统的单点接地点须接在此连线的某一点上。

三、实验报告要求

1. 理解 D/A 转换器的工作原理和方式。

2. 画出系统工作原理图。
3. 写出各功能模块的源程序。
4. 仿真各功能模块,画出仿真波形。
5. 书写实验报告应结构合理、层次分明。

4.12　自动售货机控制电路设计

一、实验任务及要求

本设计要求使用 VHDL 设计一个自动售货机控制系统,该系统能够自动完成对货物信息的存取、进程控制、硬币处理、余额计算与显示等功能。

1. 自动售货机可以出售两种以上的商品,每种商品的数量和单价由设计者在初始化时输入设定并存储在存储器中。

2. 可接收 5 角和 1 元硬币,并通过按键进行商品选择。

3. 系统可以根据用户输入的硬币进行如下操作:

(1) 当所投硬币总值等于购买者所选商品的售价总额时,根据顾客的要求自动售货且不找零,然后回到等待售货状态,并显示商品当前的库存信息。

(2) 当所投硬币总值超过购买者所选商品的售价总额时,根据顾客的要求自动售货并找回剩余的硬币,然后回到等待售货状态,并显示商品当前的库存信息。

(3) 当所投硬币不够时,给出相应提示,并可以通过一个按键退回所投硬币,然后回到等待售货状态,并显示商品当前的库存信息。

二、设计说明与提示

系统的结构图如图 4.14 所示。

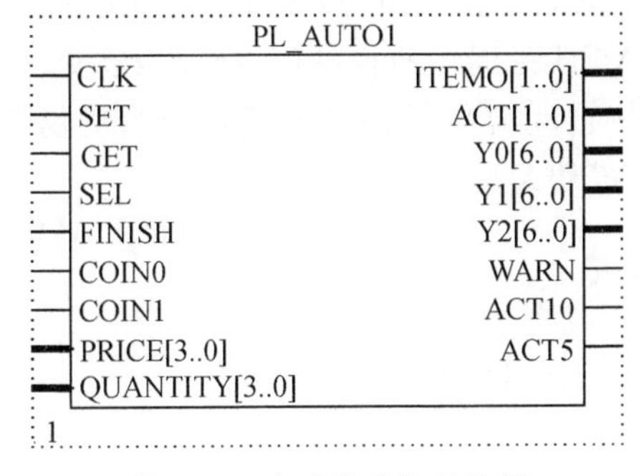

图 4.14　自动售货机结构图

其中:

输入端口为:

CIK:输入时钟脉冲信号;

SET:货物信息存储信号;

GET:购买信号;

SEL:货物选择信号;

FINISH:结束当前交易信号;

COIN0:投入5角硬币;

COIN1:投入1元硬币;

PRICE[3..0]:商品的单价;

QUANTITY[3..0]:商品的数量。

输出端口为:

ITEM0[1..0]:所选商品的种类;

ACT[1..0]:成功购买商品的种类;

Y0[6..0]:投入硬币的总数;

Y1[6..0]:所购买商品的数量;

Y2[6..0]:所购买商品的单价;

WARN:钱数不足的提示信号;

ACT10:找回1元硬币的数量;

ACT5:找回5角硬币的数量。

设计流程:

1. 预先将自动售货机里每种商品的数量和单价通过SET键置入到内部RAM里,并在数码管上显示出来。

2. 顾客通过COIN0和COIN1键模拟投入5角硬币和1元硬币。然后通过SEL键对所需购买的商品进行选择,选定后通过GET键进行购买,再按FINISH键取回找币,同时结束此次交易。

3. 按GET键时,如果投入的钱数等于或大于所要购买商品的售价总额,则自动售货机会给出所购买的商品,并找回剩余钱币;如果钱数不够,自动售货机给出警告,并继续等待顾客的下一次操作。

4. 顾客的下一次操作可以继续投币,直到钱数总额到达所要购买商品的售价总额时继续进行购买,也可直接按FINISH键退还所投硬币,结束当前交易。

通过对系统的分析,可将自动售货机控制电路划分为货物信息存储模块、进程控制模块、硬币处理模块、余额计算模块及显示模块。

三、实验报告要求

1. 分析系统的工作原理与设计流程。
2. 写出各模块的源程序。
3. 仿真各功能模块,画出仿真波形。
4. 写出通过在实验箱中下载验证的过程。
5. 书写实验报告应结构合理、层次分明。

4.13　电梯控制器电路设计

一、实验任务及要求

基于 VHDL 设计一个 4 层电梯控制器电路，要求：

1. 每层电梯入口处设有上下请求开关，电梯内设有乘客将到达楼层的选择按钮。

2. 设置电梯所在楼层、运行方向、暂停状态的指示。

3. 当电梯到达有停站请求的楼层后，门打开，延迟一定时间后，门关闭，再延迟一定时间，门关闭好，电梯可以运行，开关门过程中能够响应提前关闭电梯门和延迟关闭电梯门的请求。

4. 记忆电梯内外的所有请求信号，电梯的运行遵循方向优先的原则，按照电梯运行规则依次响应有效请求，每个请求信号保留至执行完成后消除。

5. 无请求时电梯停在 1 层待命。

二、设计说明与提示

系统的结构图如图 4.15 所示，电梯控制器由 5 个模块组成，它们分别是：

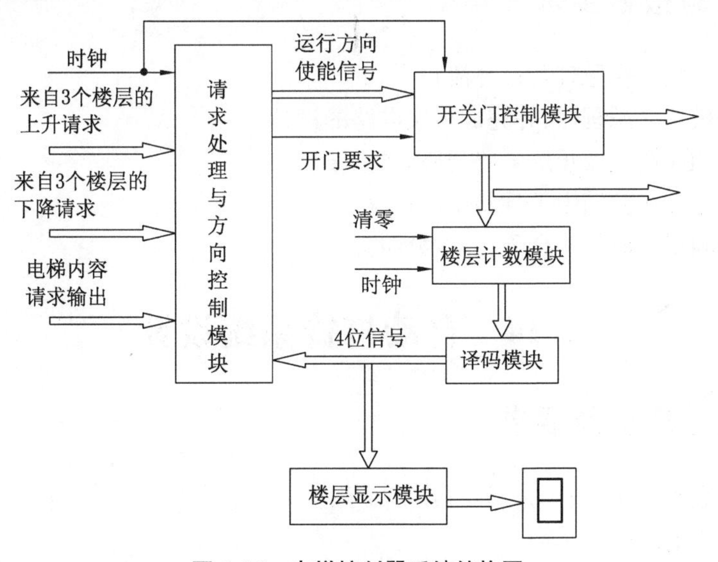

图 4.15　电梯控制器系统结构图

1. 请求处理与方向控制模块。

该模块能够对来自各层的电梯内外的请求信号进行检测、寄存、处理与清除；能够正确判断电梯的运行方向，且符合电梯的运行规则（在上升过程中只响应比当前层高的楼层的请求，在下降过程中只响应比当前层低的楼层的请求）；当某层为乘客的目标层，或在该层有符合运行规则的上升或下降的请求时，能输出开门请求信号；各层均无请求时，若当前位置为 1 层，则输出暂停信号，否则输出下降信号，直至到达 1 层。

2. 开关门控制模块。

该模块能够接收来自请求处理与方向控制模块的开门请求并输出开门信号；能够在开关门过程中响应来自外部的关门延时和提前关门的请求；能判断电梯门关闭后的运行方向，这个方向信号作为电梯运行方向的指示输出，同时也作为楼层计数模块的输入，开关门期间，输出暂停信号；在没有关门延时请求和提前关门请求时，该模块响应开门请求后，输出开门信号，经过一定延迟时间，输出关门信号，再经过一定延迟时间门关闭好。

3. 楼层计数模块。

该模块在电梯运行过程中对电梯所在的楼层进行计数，并用 3 位二进制数输出当前楼层的值；设有清零信号，清零时，电梯所在楼层为 1 层；在开关门控制模块输出的运行状态为上升的情况下，每过一定时间进行加 1 计数，在运行状态为下降的情况下，每过一定时间进行减 1 计数。

4. 译码模块。

该模块采用二进制译码原理将一组 2 位二进制代码译成对应输出端的高电平信号(一个 4 位二进制代码)。

5. 楼层显示模块。

该模块可用数码管直观地显示楼层数据。

三、实验报告要求

1. 分析系统的工作原理与设计流程。
2. 写出各模块的源程序，并完成顶层电路的设计。
3. 仿真各功能模块及顶层电路，画出仿真波形。
4. 写出通过在实验箱中下载验证的过程。
5. 书写实验报告应结构合理、层次分明。

4.14 自动打铃系统设计

一、实验任务及要求

1. 用 6 个数码管实现时、分、秒的数字显示。
2. 能设置当前时间。
3. 能实现上课铃、下课铃、起床铃、熄灯铃的打铃功能。
4. 能实现整点报时功能，并能控制启动和关闭。
5. 能实现调整打铃时间和间歇长短的功能。
6. 能利用扬声器实现播放打铃音乐的功能。

二、设计说明与提示

根据设计要求，可以将自动打铃系统划分为以下几个模块：

1. 状态机：系统有多种显示模式，设计中将每种模式当成一种状态，采用用状态机来进

行模式切换，将其作为系统的中心控制模块。

2. 计时调时模块：用于完成基本的数字钟功能。

3. 打铃时间设定模块：系统中要求打铃时间可调，此部分功能相对独立，单独用一个模块实现。

4. 打铃长度设定模块：用以设定打铃时间的长短。

5. 显示控制模块：根据当前时间和打铃时间等信息决定当前显示的内容。

6. 打铃控制模块：用于控制铃声音乐的输出。

7. 分频模块、分位模块、七段数码管译码模块等。

以上各模块可用图 4.16 表示其间的联系。

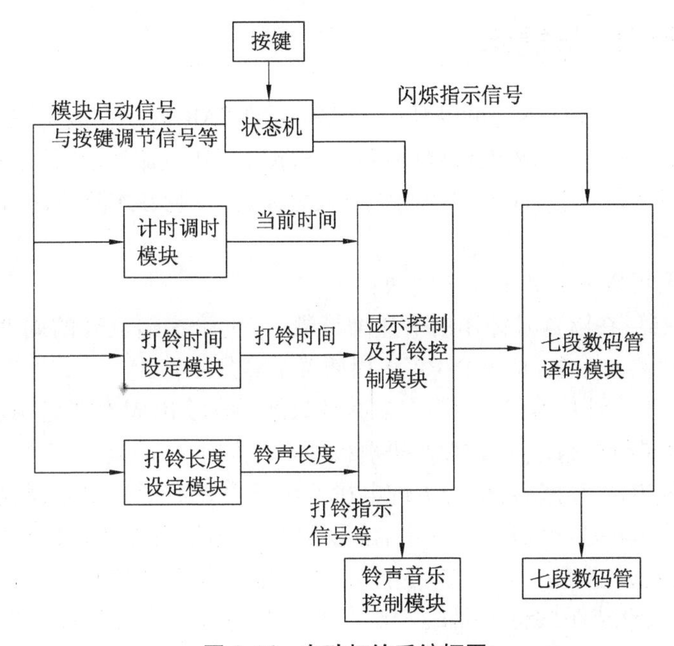

图 4.16　自动打铃系统框图

三、实验报告要求

1. 分析系统的工作原理。
2. 画出状态转移图。
3. 画出各部分的详细功能框图。
4. 写出各功能模块的源程序。
5. 仿真功能模块，画出仿真波形图。
6. 书写实验报告应结构合理、层次分明。

4.15 步进电机细分驱动控制电路设计

一、实验任务及要求

1. 查阅步进电机驱动时序及细分原理的详细资料。
2. 用 FPGA 实现步进电机的基本控制时序。
3. 用 FPGA 实现步进电机的细分控制时序。
4. 实现步进电机正反转、停止、加减速的控制功能。

二、设计说明与提示

本设计中步进电机细分驱动可以利用 FPGA 中的 EAB 构成存放电机各相电流所需的控制波形数据表,利用数字比较器可以同步产生多路 PWM 电流波形,无须外接 D/A 转换器对步进电机进行灵活的控制,使外围控制电路大大简化,控制方式简洁,控制精度高,控制效果好。

在设计中主要可以分为如下几个模块:

1. PWM 计数器:在脉宽时钟作用下递增计数,产生阶梯形上升的周期性锯齿波,同时加载到各数字比较器的一端,将整个 PWM 周期若干等分。

2. 波形 ROM 地址计数器:是一个可加/减计数器。波形 ROM 的地址由地址计数器产生。通过对地址计数器进行控制,可以改变步进电机的旋转方向、转动速度、工作/停止状态。

3. PWM 波形 ROM 存储器:根据步进电机八细分电流波形的要求,将各个时刻细分电流波形所对应的数值存放于波形 ROM 中,波形 ROM 的地址由地址计数器产生。PWM 信号随 ROM 数据而变化,改变输出信号的占空比,达到限流及细分控制,最终使电机绕组呈现阶梯形变化,从而实现步距细分的目的。输出细分电流信号采用 FPGA 中 LPM_ROM 查表法,通过在不同地址单元内写入不同的 PWM 数据,用地址选择来实现不同通电方式下的可变步距细分。

4. 数字比较器:从 LPM_ROM 输出的数据加在比较器的 A 端,PWM 计数器的计数值加在比较器的 B 端。当计数值小于 ROM 数据时,比较器输出低电平;当计数值大于 ROM 数据时,比较器则输出高电平。由此可输出周期性的 PWM 波形。如果改变 ROM 中的数据,就可以改变一个计数周期中高低电平的比例。

在顶层文件中将上述几个模块连接在一起实现实验要求的功能。

三、实验报告要求

1. 分析系统的工作原理。
2. 画出各部分的详细功能框图。
3. 写出各功能模块的源程序。
4. 仿真功能模块,画出仿真波形图。
5. 书写实验报告应结构合理、层次分明。

附录1　GW48 SOC/EDA 系统使用说明

附 1.1　GW48 系统使用注意事项

1. 闲置不用 GW48 EDA/SOC 系统时，关闭电源，拔下电源插头！

2. EDA 软件安装方法可参见光盘中相应目录中的中文 README.TXT；详细使用方法可参阅本书或《EDA 技术实用教程》、《VHDL 实用教程》中的相关章节。

3. 在实验中，当选中某种模式后，要按一下右侧的复位键，以使系统进入该结构模式工作。

4. 换目标芯片时要特别注意，不要插反或插错，也不要带电插拔，确信插对后才能开电源。其他接口都可带电插拔(当适配板上的 10 芯座处于左上角时，为正确位置)。

5. 对工作电源为 5V 的 CPLD(如 1032E/1048C、95108 或 7128S 等)下载时，最好将系统的电路“模式”切换到“ b”，以便使工作电压尽可能接近 5V。

6. GW48 详细使用方法可参见《EDA 技术实用教程》配套教学软件中的相关 PowerPoint 文件。

7. 主板左侧 3 个开关默认向下，但靠右的开关必须打向上(DLOAD)才能下载。

8. 跳线座“SPS”默认向下短路(PIO48)；右侧开关默认向下(TO MCU)。

9. 左下角拨码开关除第 4 挡“DS8 使能”向下拨(8 数码管显示使能)外，其余皆默认向上拨。

附 1.2　GW48 系统主板结构与使用方法

以下是对 GW48 系统主板功能块的注释。

1. SW9：按动该键能使实验板产生 11 种不同的实验电路结构，这些结构如附 1.3 的 11 张实验电路结构图所示。例如选择了实验电路结构图 NO.3，须按动系统板上的 SW9 键，直至数码管 SWG9 显示“3”，于是系统即进入了实验电路结构图 NO.3 所示的实验电路结构。

2. B2：这是一块插于主系统板上的目标芯片适配座。对于不同的目标芯片可配不同的适配座。可用的目标芯片包括目前世界上最大的六家 FPGA/CPLD 厂商几乎所有 CPLD、FPGA 和所有 ispPAC 等模拟 EDA 器件。附表 1.1 中已列出多种芯片对系统板引脚的对应关系，以便在实验时经常查用。

3. J3B/J3A：如果仅是作为教学实验之用，系统板上的目标芯片适配座无须拔下，但如果要进行应用系统开发、产品开发、电子设计竞赛等开发实践活动，在系统板上完成初步仿真设计后，就有必要将连有目标芯片的适配座拔下插在自己的应用系统上(如 GWDVP 板)

进行调试测试。为了避免由于需要更新设计程序和编程下载而反复插拔目标芯片适配座,GW48 系统设置了一对在线编程下载接口座 J3A 和 J3B。此接口插座可适用于不同的 FPGA/CPLD(注意,此接口仅适用于 5V 工作电源的 FPGA 和 CPLD;5V 工作电源必须由被下载系统提供)的配置和编程下载。对于低压 FPGA/CPLD(如 EP1K30/50/100、EPF10K30E 等,都是 2.5V 器件),下载接口座必须是另一座,即 ByteBlasterMV。注意,对于 GW48 - GK/PK,只有一个下载座 ByteBlasterMV 是通用的。

4. 混合工作电压使用:对于低压 FPGA/CPLD 目标器件,在 GW48 系统上的设计方法与使用方法完全与 5V 器件一致,只是要对主板的跳线作一选择(对 GW48 - GK/PK 系统不用跳线)。

JVCC/VS2:跳线 JVCC(GW48 - GK/PK 型标为"VS2")对芯片 I/O 电压 3.3V(VCCIO)或 5V(VCC)作选择,对 5V 器件,必须选"5.0V"。例如,若系统上插的目标器件是 EP1K30/50/100 或 EPF10K30E/50E 等,要求将主板上的跳线座 JVCC 短路帽插向"3.3V"一端;将跳线座"JV2"短路帽插向" +2.5V"一端(如果是 5V 器件,跳线应插向"5.0V")。

5. 并行下载口:此接口通过下载线与微机的打印机口相连。来自 PC 的下载控制信号和 CPLD/FPGA 的目标码将通过此口,完成对目标芯片的编程下载。编程电路模块能自动识别不同的 CPLD/FPGA 芯片,并作出相应的下载适配操作。

6. 键 1 ~ 键 8:为实验信号控制键,此 8 个键受"多任务重配置"电路控制,它在每一张电路图中的功能及其与主系统的连接方式随 SW9 的模式选择而变,使用中需参照附 1.3 中的电路图。

7. 键 9 ~ 键 12:实验信号控制键(仅 GW48 - GK/PK 型含此键),此 4 个键不受"多任务重配置"电路控制,使用方法参考实验电路结构图 NO.5。

8. 数码管 1 ~ 8/发光管 D1 ~ D16:也受"多任务重配置"电路控制,它们的连线形式也需参照附 1.3 中的电路图。

9. 数码管 9 ~ 14/发光管 D17 ~ D22:不受"多任务重配置"电路控制(仅 GW48 - GK/PK 型含此发光管),它们的连线形式和使用方法参考实验电路结构图 NO.5。

10. "时钟频率选择"P1A/JP1B/JP1C:为时钟频率选择模块。通过短路帽的不同接插方式,使目标芯片获得不同的时钟频率信号。对于"CLOCK0"JP1C,同时只能插一个短路帽,以便选择输向"CLOCK0"的一种频率:

信号频率范围:1Hz ~ 50MHz(对 GW48 - CK 系统);

信号频率范围:0.5Hz ~ 50MHz(对 GW48 - GK 系统);

信号频率范围:0.5Hz ~ 100MHz(对 GW48 - PK 系统)。

由于 CLOCK0 可选的频率比较多,所以比较适合于目标芯片对信号频率或周期测量等设计项目的信号输入端。JP1B 分三个频率源组,即如系统板所示的高频组、中频组和低频组,它们分别对应三组时钟输入端。例如,将三个短路帽分别插于 JP1B 座的 2Hz、1024Hz 和 12MHz;而另三个短路帽分别插于 JP1A 座的 CLOCK4、CLOCK7 和 CLOCK8,这时,输向目标芯片的三个引脚 CLOCK4、CLOCK7 和 CLOCK8 分别获得上述三个信号频率。需要特别注意的是,每一组频率源及其对应时钟输入端,分别只能插一个短路帽。也就是说,通过 JP1A/B 的组合频率选择,最多只能提供三个时钟频率。

注意,对于 GW48 - GK/PK 系统,时钟选择比较简单,每一频率组仅接一个频率输入口。

如低频端的4个频率通过短路帽,可选的时钟输入口仅为CLOCK2,因此对于GW48－GK/PK,总共只有4个时钟可同时输入FPGA,即CLOCK0、CLOCK2、CLOCK5、CLOCK9。

11. 扬声器S1:目标芯片的声讯输出,与目标芯片的SPEAKER端,即PIO50相接。通过此口可以进行奏乐或了解信号的频率。

12. PS/2接口:通过此接口,可以将PC机的键盘和/或鼠标与GW48系统的目标芯片相连,从而完成PS/2通信与控制方面的接口实验,GW48－GK/PK含另一PS/2接口,参见实验电路结构图NO.5。

13. VGA视频接口:通过它可完成目标芯片对VGA显示器的控制。

14. 单片机接口器件:它与目标板的连接方式也已标于主系统板上,连接方式可参见附图1.13。

注意,对于GW48－GK/PK系统,实验板左侧有一开关,向上拨,将RS232通信口直接与FPGA的PIO31和PIO30相接;向下拨则与89C51单片机的P30和P31端口相接。于是通过此开关可以进行不同的通信实验,详细连接方式可参见附图1.13。平时此开关向下打,不要影响FPGA的工作。

另外,还需注意,由附图1.13可知,单片机89C51的P3和P1口是与FPGA的PIO66～PIO79相接的,而这些端口又与6数码管扫描显示电路连在一起,所以当要进行6数码管扫描显示实验时,必须拔去右侧的单片机,并按实验电路结构图NO.5将拨码开关3拨为使能,这时LCD停止工作。

15. RS－232串行通信接口:此接口电路是为单片机与PC机通信准备的,由此可以使PC、单片机、FPGA/CPLD三者实现双向通信。当目标板上FPGA/CPLD器件需要直接与PC进行串行通信时,可参见附图1.13和实验电路结构图NO.5,将实验板右侧的开关向上打至“TO FPGA”,从而使目标芯片的PIO31和PIO30与RS－232口相接,即使RS－232的通信接口直接与目标器件FPGA的PIO30/PIO31相接。而当需要使PC机的RS－232串行接口与单片机的P3.0和P3.1口相接时,将开关向下打至“TO MCU”即可(平时不用时也应保持在这个位置)。

16. AOUT D/A转换:利用此电路模块(实验板左下侧),可以完成FPGA/CPLD目标芯片与D/A转换器的接口实验或相应的开发。它们之间的连接方式可参阅实验电路结构图NO.5,D/A的模拟信号的输出接口是“AOUT”,示波器可挂接左下角的两个连接端。当使能拨码开关8为“滤波1”时,D/A的模拟输出将获得不同程度的滤波效果。

注意,进行D/A接口实验时,需打开左侧第2个开关,获得+/－12V电源,实验结束后关上此电源。

17. AIN0/AIN1:外界模拟信号可以分别通过系统板左下侧的两个输入端AIN0和AIN1进入A/D转换器ADC0809的输入通道IN0和IN1,ADC0809与目标芯片直接相连。通过适当设计,目标芯片可以完成对ADC0809工作方式的确定、输入端口的选择、数据采集与处理等所有控制工作,并可通过系统板提供的译码显示电路,将测得的结果显示出来。此项实验首先需参阅实验电路结构图NO.5有关0809与目标芯片的接口方式,同时需了解系统板上的接插方法以及有关0809工作时序和引脚信号功能方面的资料。

注意,不用0809时,需将左下角的拨码开关的“A/D使能”和“转换结束”打为禁止,即向上拨,以避免与其他电路冲突。

ADC0809 A/D 转换实验接插方法(如实验电路结构图 NO.5 所示)如下：

左下角拨码开关的"A/D 使能"和"转换结束"打为使能：向下拨，即将 ENABLE(9)与 PIO35 相接；若向上拨则禁止，即使 ENABLE(9)("0"表示禁止 0809 工作)的所有输出端为高阻态。左下角拨码开关的"转换结束"使能，则使 EOC(7)(PIO36)目标芯片对 ADC0809 的转换状态进行测控。

18. VR1/AIN1：VR1 电位器，通过它可以产生 0 ~ +5V 幅度可调的电压。其输入口是 0809 的 IN1(与外接口 AIN1 相连，但当 AIN1 插入外输入插头时，VR1 将与 IN1 自动断开)。若利用 VR1 产生被测电压，则需使 0809 的第 25 脚置高电平，即选择 IN1 通道，参考实验电路结构图 NO.5。

19. AIN0 的特殊用法：系统板上设置了一个比较器电路，主要由 LM311 组成。若与 D/A 电路相结合，可以将目标器件设计成逐次比较型 A/D 变换器的控制器件，可参考实验电路结构图 NO.5。

20. 系统复位键：此键是系统板上负责监控的微处理器的复位控制键，同时也与接口单片机的复位端相连，因此兼作单片机的复位键。

21. 下载控制开关：在系统板的左侧第 3 个开关。当需要对实验板上的目标芯片下载时必须将开关向上打(DLOAD)；而当向下打(LOCK)时，将关闭下载口，这时可以将下载并行线拔下而做他用(这时已经下载进 FPGA 的文件不会由于下载口线的电平变动而丢失)。例如拔下的 25 芯下载线可以与 GWAK30+适配板上的并行接口相接，以完成类似逻辑分析仪方面的实验。

22. 跳线座 SPS：短接"T_F"可使用于系统频率计，即频率输入端主板右侧标有"频率计"处，模式选择为"A"。短接 PIO48 时，信号 PIO48 可用，如实验电路结构图 NO.1 中的 PIO48，平时应该短路 PIO48。

23. 目标芯片万能适配座 CON1/2：在目标板的下方有两条 80 个插针的插座(GW48-CK 系统)，其连接信号如附图 1.1 所示，此图为用户对此实验开发系统做二次开发提供了条件。这两条插座的位置设置方式和各端口的信号定义方式与综合电子设计竞赛开发板 GWDVP-B 完全兼容！

对于 GW48-GK/PK 系统，此适配座在原来的基础上增加了 20 个插针，功能大为增强。增加的 20 插针信号与目标芯片的连接方式可参考实验电路结构图 NO.5 和附图 1.13。

24. 拨码开关：拨码开关的详细用法可参考实验电路结构图 NO.5 和附图 1.13。

25. ispPAC 下载板：对于 GW48-GK 系统，其右上角有一块 ispPAC 模拟 EDA 器件下载板，可用于模拟 EDA 实验中对 ispPAC10/20/80 等器件编程下载，详细方法请参考《EDA 技术实用教程》配套教学软件实验演示部分"模拟 EDA 实验演示"的 PowerPoint 文件。

26. 拨 8×8 数码点阵：在右上角的模拟 EDA 器件下载板上还附有一块数码点阵显示块，是通用供阳方式，需要 16 根接插线和两根电源线连接。详细方法请参考《EDA 技术实用教程》配套教学软件实验演示部分"模拟 EDA 实验演示"的 PowerPoint 文件。

27. 使用举例：若通过键 SW9 选中了"实验电路结构图 NO.1"，这时的 GW48 系统板所具有的接口方式变为：FPGA/CPLD 端口 PI/O31 ~ PI/O28、PI/O27 ~ PI/O24、PI/O23 ~ PI/O20 和 PI/O19 ~ PI/O16，共 4 组 4 位二进制 I/O 端口分别通过一个全译码型的七段译码器输向系统板的七段数码显示器。这样，如果有数据从上述任一组 4 位输出，就能在数码显示

器上显示出相应的数值,其数值对应范围为:

FPGA/CPLD 输出:	0000	0001	0010	…	1100	1101	1110	1111
数码管显示:	0	1	2	…	C	D	E	F

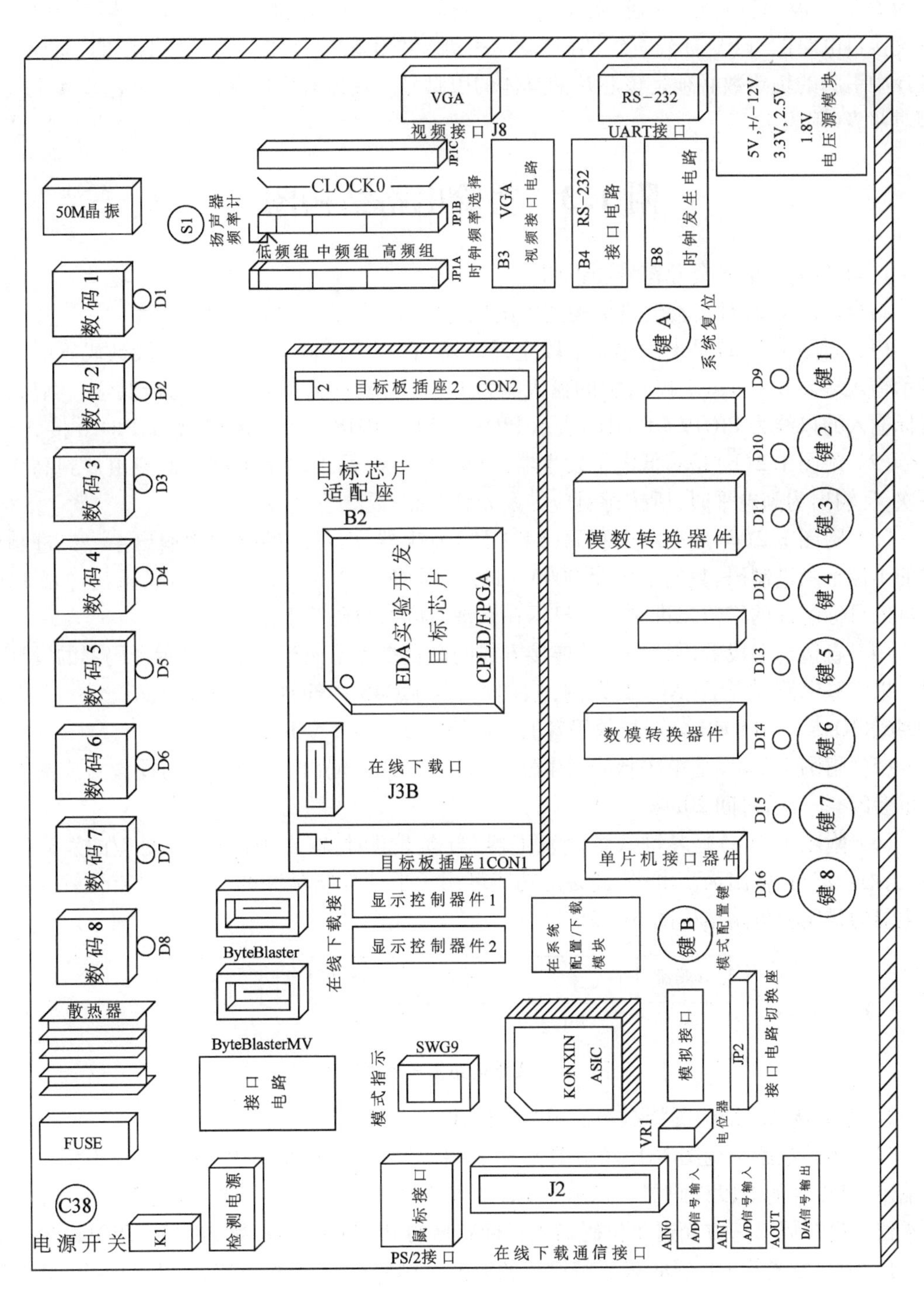

附图1.1　GW48-CK 实验开发系统的板面结构图

端口I/O32～I/O39分别与8个发光二极管D8～D1相连,可作输出显示,高电平亮。还可分别通过键8和键7,发出高低电平输出信号进入端口I/O49和I/O48;键控输出的高低电平由键前方的发光二极管D16和D15显示,高电平输出为亮。此外,可通过按动键4～键1,分别向FPGA/CPLD的PIO0～PIO15输入4位十六进制码。每按一次键将递增1,其序列为1,2,…,9,A,…,F。注意,对于不同的目标芯片,其引脚的I/O标号数一般是同GW48系统接口电路的“PIO”标号一致的(这就是引脚标准化),但具体引脚号是不同的,而在逻辑设计中引脚的锁定数必须是该芯片的具体的引脚号。具体对应情况需要参考附1.4中的引脚对照表(附表1.1)。

附1.3 实验电路结构图

1. 实验电路信号资源符号图说明。

结合附图1.2,对实验电路结构图中出现的信号资源符号功能说明如下:

(1) 附图1.2(a)是十六进制七段全译码器,它有7位输出,分别接七段数码管的7个显示输入端a、b、c、d、e、f和g;它的输入端为D、C、B、A,D为最高位,A为最低位。例如,若所标输入的口线为PIO19～PIO16,表示PIO19接D、PIO18接C、PIO17接B、PIO16接A。

(2) 附图1.2(b)是高低电平发生器,每按键一次,输出电平由高到低或由低到高变化一次,且输出为高电平时,所按键对应的发光管变亮,反之不亮。

(3) 附图1.2(c)是十六进制码(8421码)发生器,由对应的键控制输出4位二进制构成的1位十六进制码,数的范围是0000～1111,即^H0至^HF。每按键一次,输出递增1,输出进入目标芯片的4位二进制数将显示在该键对应的数码管上。

(4) 直接与七段数码管相连的连接方式的设置是为了便于对七段显示译码器的设计学习。以实验电路结构图NO.2为例,如图所标“PIO46～PIO40接g、f、e、d、c、b、a”表示PIO46、PIO45……PIO40分别与数码管的7段输入g、f、e、d、c、b、a相接。

(5) 附图1.2(d)是单次脉冲发生器。每按一次键,输出一个脉冲,与此键对应的发光管也会闪亮一次,时间20ms。

(6) 附图1.2(e)是琴键式信号发生器,当按下键时,输出为高电平,对应的发光管发亮;当松开键时,输出为高电平,此键的功能可用于手动控制脉冲的宽度。具有琴键式信号发生器的是实验电路结构图NO.3。

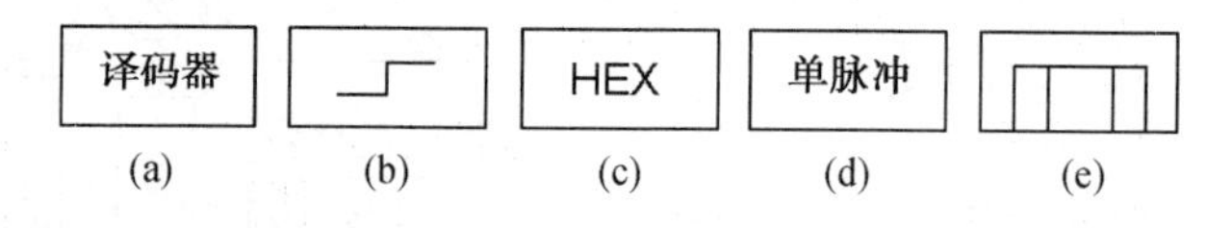

附图1.2 实验电路信号资源符号图

2. 各实验电路结构图特点与适用范围简述。

(1) 实验电路结构图NO.0(附图1.3):目标芯片的PIO19～PIO44共8组4位二进制码输出,经外部的七段译码器可显示于实验系统上的8个数码管。键1和键2可分别输出2个4位二进制码。一方面这4位码输入目标芯片的PIO11～PIO8和PIO15～PIO12,另一方面,可以观察发光管D1～D8来了解输入的数值。例如,当键1控制输入PIO11～PIO8的数为^HA时,则发光管D4和D2亮,D3和D1灭。电路的键8～键3分别控制一个高低电平信

号发生器向目标芯片的 PIO7～PIO2 输入高电平或低电平，扬声器接在 SPEAKER 上，具体接在哪一引脚要看目标芯片的类型，这需要查引脚对照表（附表 1.1）。如目标芯片为 FLEX10K10，则扬声器接在引脚上 3 上。目标芯片的时钟输入未在图上标出，也需查阅引脚对照表（附表1.1）。例如，目标芯片为 XC95108，则输入此芯片的时钟信号有 CLOCK0～CLOCK10，共 11 个可选的输入端，对应的引脚为 65～80。具体的输入频率可参考主板频率选择模块。此电路可用于设计频率计、周期计、计数器等。

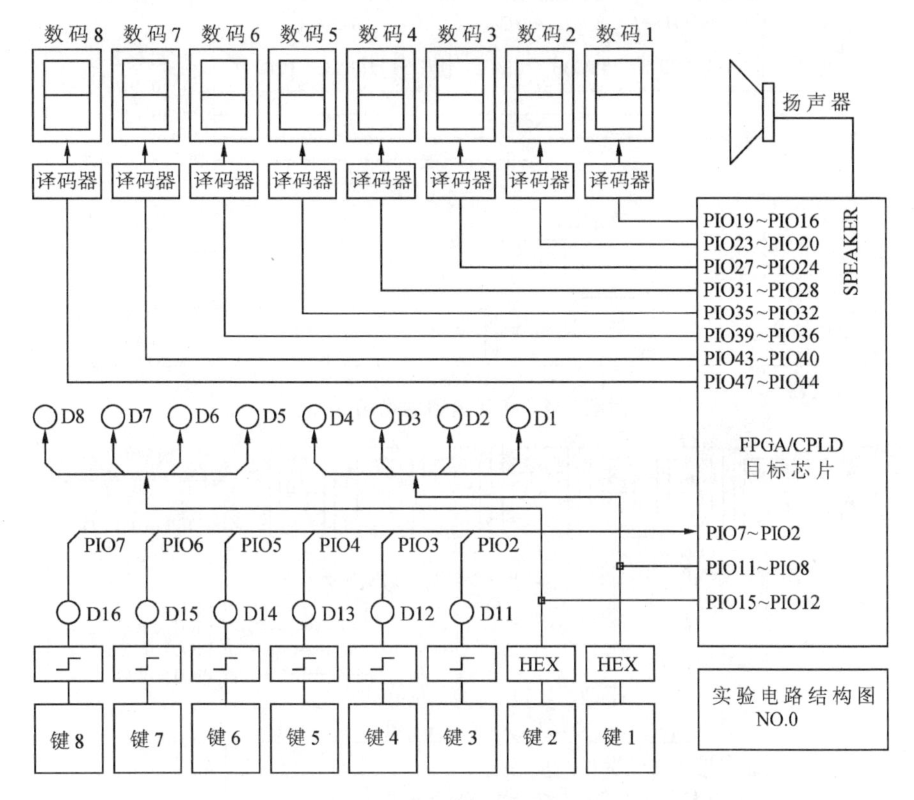

附图 1.3　**实验电路结构图** NO.0

（2）实验电路结构图 NO.1（附图 1.4）：适用于加法器、减法器、比较器或乘法器等。例如加法器设计，可利用键 4 和键 3 输入 8 位加数；利用键 2 和键 1 输入 8 位被加数，输入的加数和被加数将显示于键对应的数码管 4～数码管 1，相加的和显示于数码管 6 和数码管 5；可令键 8 控制此加法器的最低位进位。

（3）实验电路结构图 NO.2（附图 1.5）：可用于 VGA 视频接口逻辑设计；或使用数码管 8～数码管 5 共 4 个数码管做七段显示译码方面的实验；而数码管 4～数码管 1 共 4 个数码管可作译码后显示，键 1 和键 2 可用于输入高低电平。

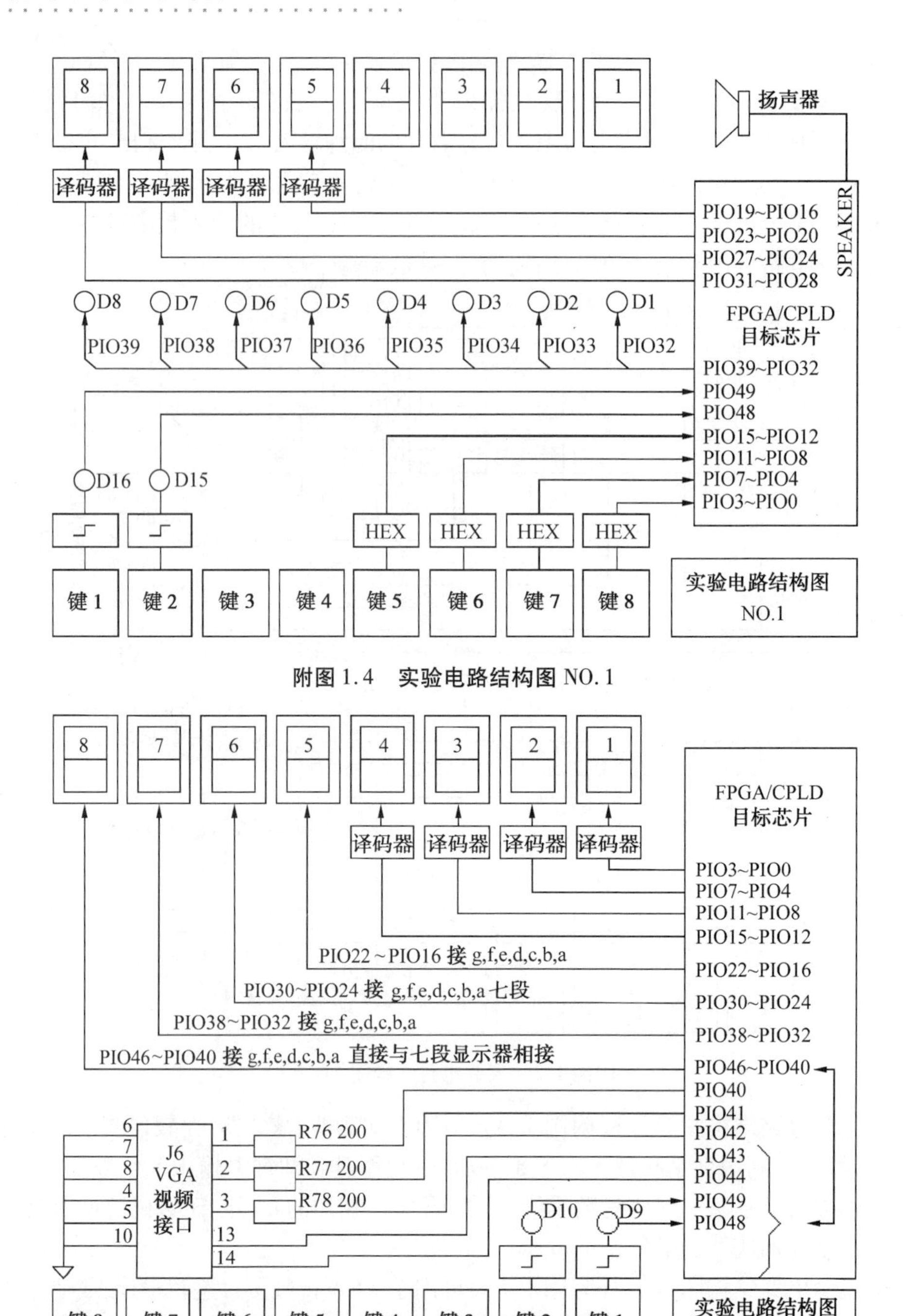

附图 1.5　实验电路结构图 NO. 2

(4) 实验电路结构图 NO. 3(附图 1.6):特点是有 8 个琴键式键控发生器,可用于设计八音琴等电路系统,也可以产生时间长度可控的单次脉冲。该电路结构同实验电路结构图 NO. 0 一样,有 8 个译码输出显示的数码管,以显示目标芯片的 32 位输出信号,且 8 个发光管也能显示目标器件的 8 位输出信号。

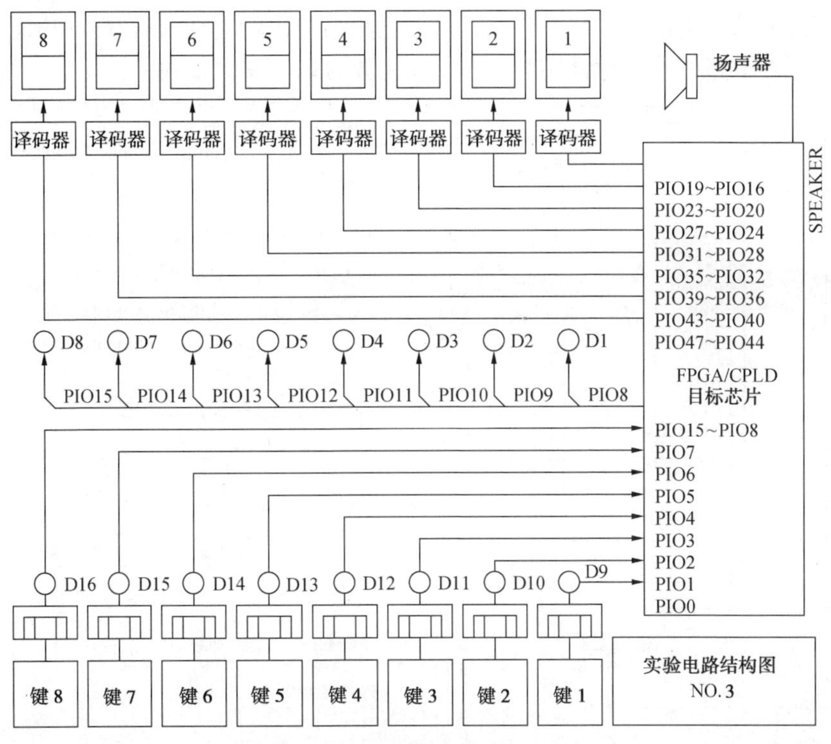

附图1.6　实验电路结构图 NO.3

(5) 实验电路结构图 NO.4(附图1.7):适合于设计移位寄存器、环形计数器等。电路特点是,当在所设计的逻辑中有串行二进制数从 PIO10 输出时,若利用键7作为串行输出时钟信号,则 PIO10 的串行输出数码可以在发光管 D8 ~ 发光管 D1 上逐位显示出来,这能很直观地看到串出的数值。

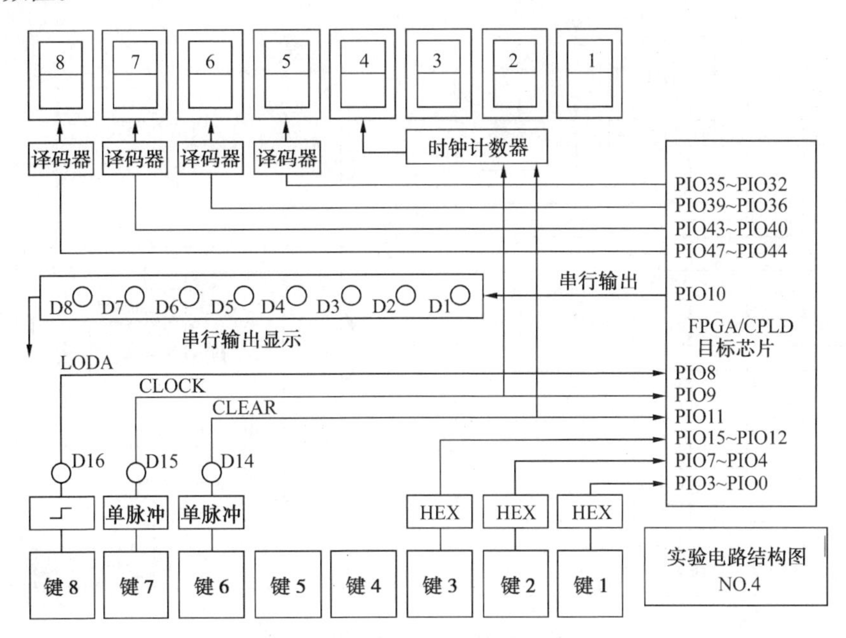

附图1.7　实验电路结构图 NO.4

(6) 实验电路结构图 NO.5(附图 1.8):此电路结构比较复杂,有较强的功能,主要用于目标器件与外界电路的接口设计实验。该电路主要含以下 9 大模块:

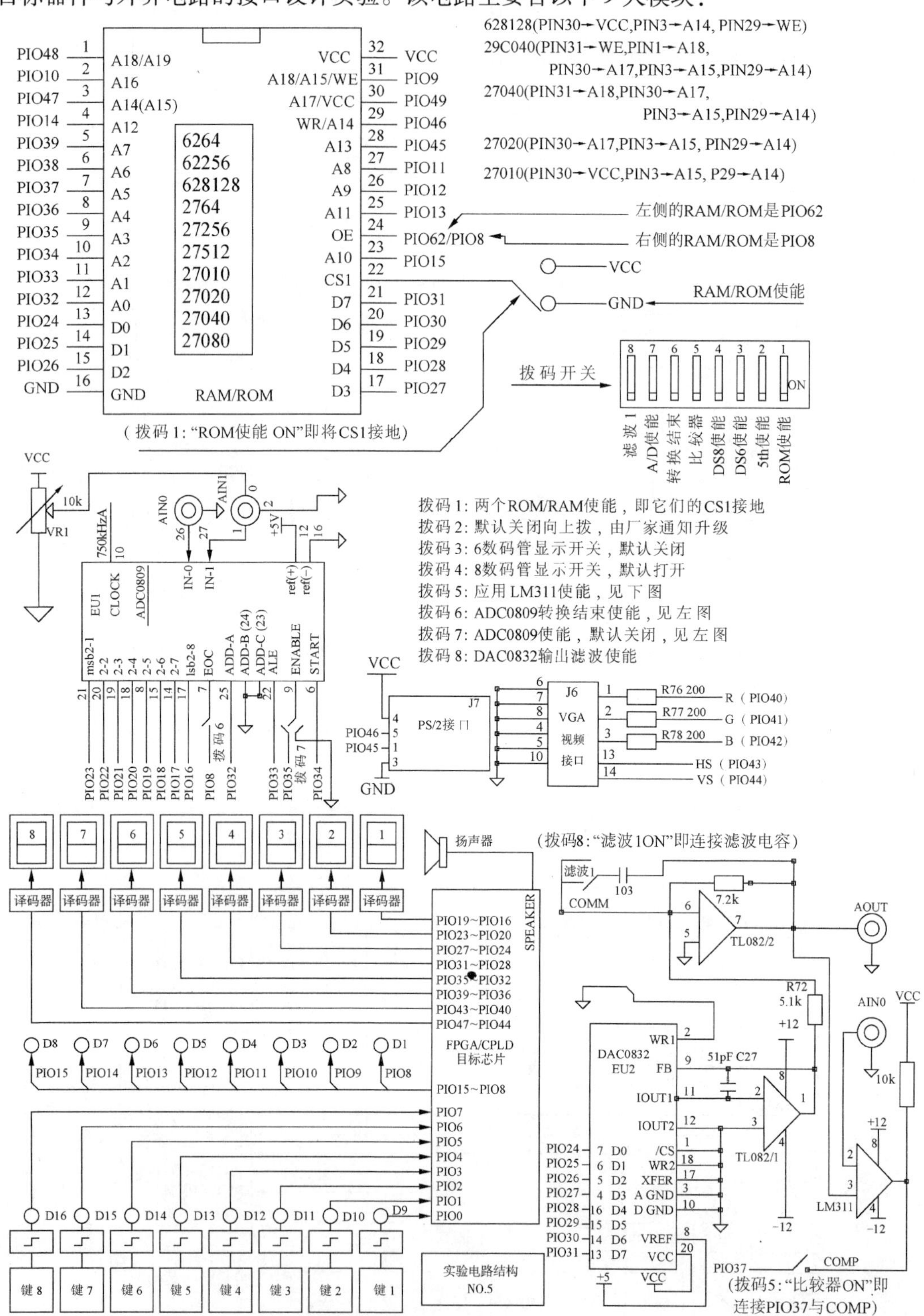

附图 1.8 实验电路结构图 NO.5

① 普通内部逻辑设计模块。在图的左下角，此模块与以上几个电路使用方法相同，同实验电路结构图 NO.3 的唯一区别是 8 个键控信号不再是琴键式电平输出，而是高低电平方式向目标芯片输入（即乒乓开关）。此电路结构可完成许多常规的实验项目。

② RAM/ROM 接口。在图的左上角，此接口对应于主板上有 2 个 32 脚的 DIP 座，在上面可以插 RAM，也可插 ROM（仅 GW48－GK/PK 系统包含此接口）。例如，RAM:628128，ROM:27C010、27C020、27C040、27C080、29C010、29C020、29C040 等。此 32 脚座的各引脚与目标器件的连接方式示于图上，是用标准引脚名标注的，如 PIO48（第 1 脚）、PIO10（第 2 脚）等。注意，RAM/ROM 的使能由拨码开关 1 控制。对于不同的 RAM 或 ROM，其各引脚的功能定义不尽一致，即不一定兼容，因此在使用前应查阅相关的资料，在结构图的上方也列出了部分引脚情况，以供参考。

③ VGA 视频接口。在图的右上角，它与目标器件有 5 个连接信号，即 PIO40、PIO41、PIO42、PIO43、PIO44，通过查引脚对照表（附表 1.1），可对应于 EPF10K20－144 或 EP1K30/50－144 的 5 个引脚号分别是 87、88、89、90、91。

④ PS/2 键盘接口。在图的右上侧，它与目标器件有 2 个连接信号，即 PIO45、PIO46。

⑤ A/D 转换接口。在图的左侧中，图中给出了 ADC0809 与目标器件连接的电路图。使用注意事项可参照附 1.1 节、附 1.2 节。有关 FPGA/CPLD 与 ADC0809 接口方面的实验示例在本书中已经给出（实验 4.10）。

⑥ D/A 转换接口。在图的右下侧，图中给出了 DAC0832 与目标器件连接的电路图。使用注意事项可参照附 1.1 节、附 1.2 节。有关 FPGA/CPLD 与 0832 接口方面的实验示例在本书中已经给出（实验 4.11）。

⑦ LM311 接口。注意，此接口电路包含在以上的 D/A 接口电路中，可用于完成使用 DAC0832 与比较器 LM311 共同实现 A/D 转换的控制实验。比较器的输出可通过主板左下侧的跳线选择“比较器”，使之与目标器件的 PIO37 相连，以使用目标器件接收 311 的输出信号。另外，有关 D/A 和 311 方面的实验都必须打开 +/－12V 电压源，实验结束后关闭此电源。

⑧ 单片机接口。根据附图 1.13，可给出单片机与目标器件及 LCD 显示屏的连接电路图。

⑨ RS－232 通信接口。

注意，实验电路结构图 NO.5 中并不是所有电路模块都可以同时使用，这是因为各模块与目标器件的 I/O 接口有重合。仔细观察可以发现：

① 当使用 RAM/ROM 时，数码管 3、4、5、6、7、8 不能同时使用，这时，如果有必要使用更多的显示电路，必须使用扫描显示电路。但 RAM/ROM 可以与 D/A 转换同时使用，尽管它们的数据口（PIO24、PIO25、PIO26、PIO27、PIO28、PIO29、PIO30、PIO31）是重合的。这时如果希望将 RAM/ROM 中的数据输入 D/A 器件中，可设定目标器件的 PIO24、PIO25、PIO26、PIO27、PIO28、PIO29、PIO30、PIO31 端口为高阻态；而如果希望用目标器件 FPGA 直接控制 D/A 器件，可通过拨码开关禁止 RAM/ROM 数据口。RAM/ROM 能与 VGA 同时使用，但不能与 PS/2 同时使用，这时可以使用 PS/2 接口。

② A/D 不能与 RAM/ROM 同时使用，由于它们有部分端口重合，若使用 RAM/ROM，必须禁止 ADC0809，而当使用 ADC0809 时，应该禁止 RAM/ROM。如果希望 A/D 和 RAM/ROM 同时使用以实现诸如高速采样方面的功能，必须使用含有高速 A/D 器件的适配板，如 GWAK30＋等型号的适配板。

③ RAM/ROM 不能与 311 同时使用,因为在端口 PIO37 上两者重合。

(7) 实验电路结构图 NO.6(附图 1.9):此电路与实验电路结构图 NO.2 相似,但增加了两个 4 位二进制数发生器,数值分别输入目标芯片的 PIO7 ~ PIO4 和 PIO3 ~ PIO0。例如,当按键 2 时,输入 PIO7 ~ PIO4 的数值将显示于对应的数码管 2,以便了解输入的数值。

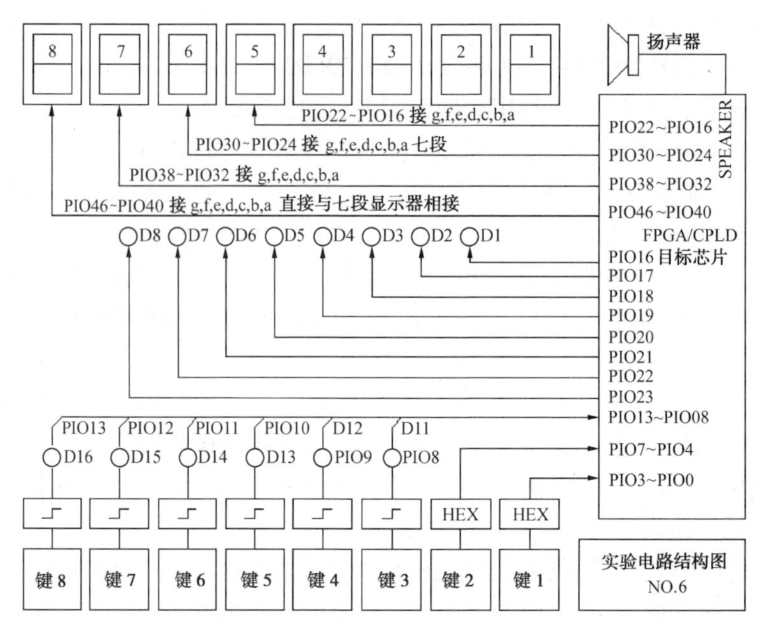

附图 1.9 实验电路结构图 NO.6

(8) 实验电路结构图 NO.7(附图 1.10):此电路适合于设计时钟、定时器、秒表等。可利用键 8 和键 5 分别控制时钟的清零和设置时间的使能;利用键 7、键 5 和键 1 进行时、分、秒的设置。

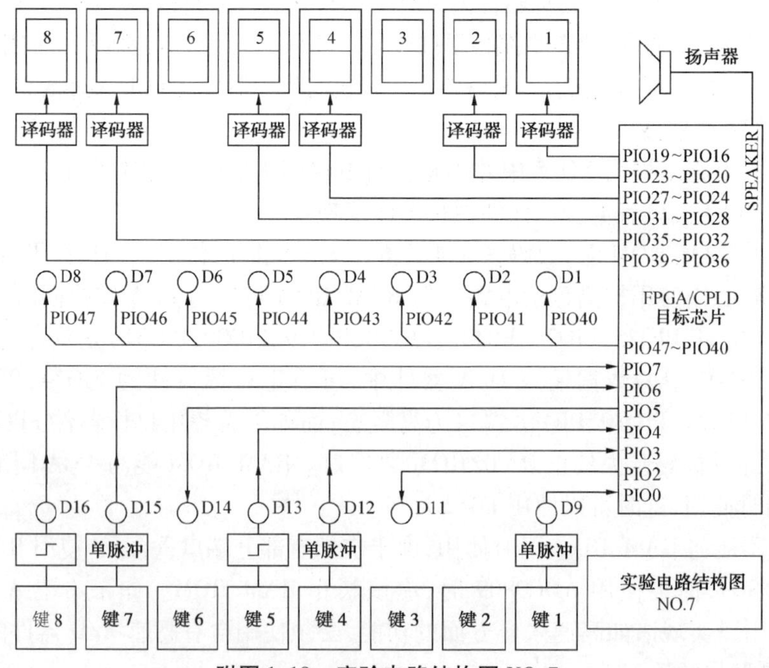

附图 1.10 实验电路结构图 NO.7

(9) 实验电路结构图 NO.8(附图 1.11):此电路适用于并进/串出或串进/并出等工作方式的寄存器、序列检测器、密码锁等逻辑设计。它的特点是利用键2、键1能序置8位二进制数,利用键6能发出串行输入脉冲,每按键一次,即发一个单脉冲,则此8位序置数的高位在前,向PIO10串行输入一位,同时能从D8～D1的发光管上看到串形左移的数据,十分形象直观。

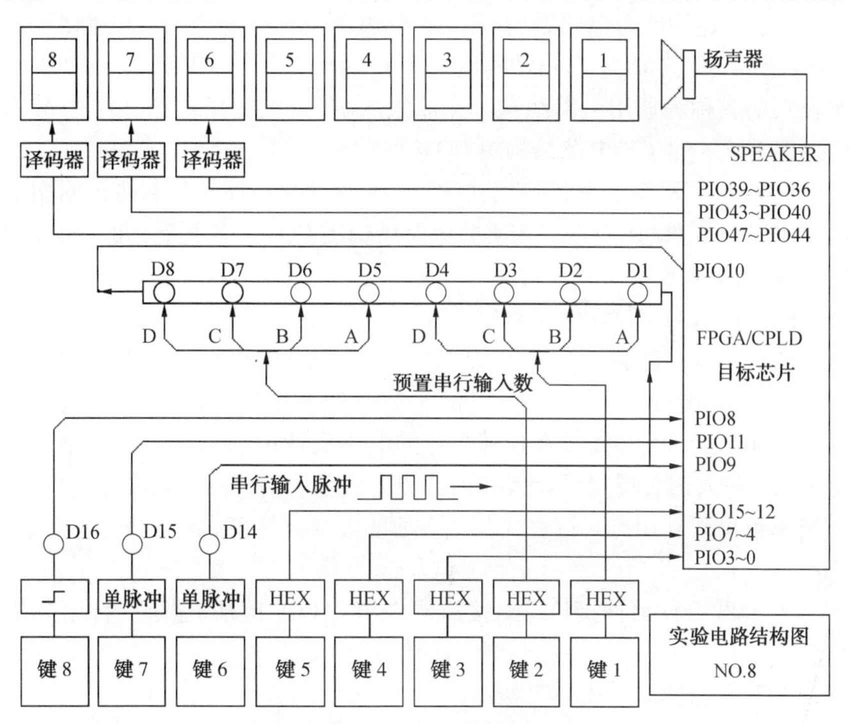

附图 1.11　实验电路结构图 NO.8

(10) 实验电路结构图 NO.9(附图 1.12):若欲验证交通灯控制等类似的逻辑电路,可选此电路结构。

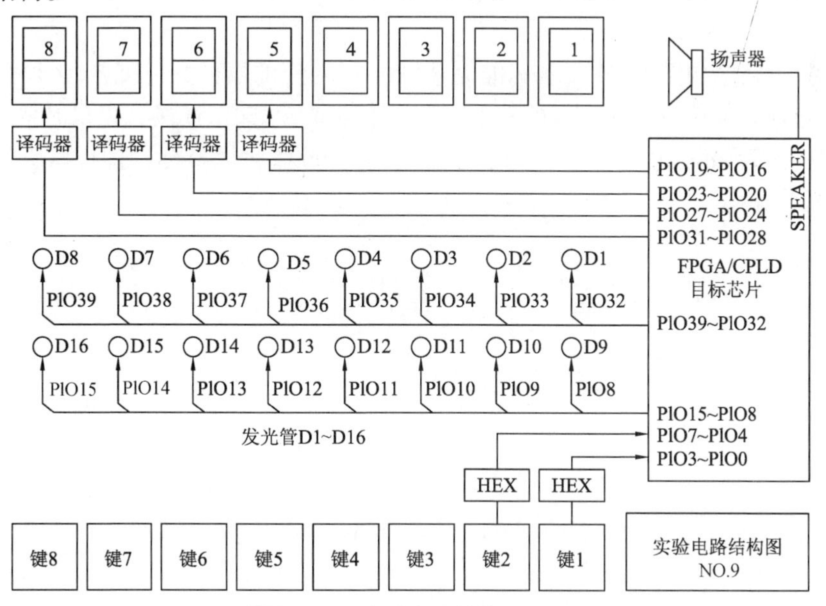

附图 1.12　实验电路结构图 NO.9

(11) 当系统上的"模式指示"数码管显示"A"时,系统将变成一台频率计,数码管8将显示"F",数码管6~数码管1显示频率值,最低位单位是Hz。测频输入端为系统板右下侧的插座。

(12) 实验电路结构图COM(NO. A)(附图1.13):此图的所有电路仅GW48-GK/PK系统拥有,即以上所述的所有电路结构(除RAM/ROM模块),包括实验电路结构图NO.0~实验电路结构图NO.9共10个电路结构模式为GW48-CK和GW48-GK/PK两种系统共同拥有(兼容),将其称为通用电路结构。在原来的10个电路结构模式中的每一套结构图中增加附图1.13所示的实验电路结构图COM。

例如,在GW48-GK系统中,当"模式键"选择"5"时,电路结构将进入附图1.8所示的实验电路结构图NO.5外,还应该加入实验电路结构图COM。这样,在每一电路模式中就能比原来实现更多的实验项目。

实验电路结构图COM包含的电路模块有:

① PS/2键盘接口。注意,在通用电路结构中,还有一个用于鼠标的PS/2接口。

② 4键直接输入接口。原来的键1~键8是由多任务重配置电路结构控制的,所以键的输入信号没有抖动问题,不需要在目标芯片的电路设计中加入消抖动电路,这样,能简化设计,让设计者迅速入门。所以设计者如果希望完成键的消抖动电路设计,可利用此图的键9~键12。当然也可以利用此4键完成其他方面的设计。注意,此4键为上拉键,按下后为低电平。

③ I^2C 串行总线存储器件接口。该接口器件用24C01担任,这是一种十分常用的串行 E^2ROM 器件。

④ USB接口。此接口是SLAVE接口。

⑤ 扫描显示电路。这是一个6数码管(共阴数码管)的扫描显示电路。段信号为7个数码段加一个小数点段,共8位,分别由PIO60、PIO61、PIO62、PIO63、PIO64、PIO65、PIO66、PIO67通过同相驱动后输入;而位信号由外部的6个反相驱动器驱动后输入数码管的共阴端。

⑥ 实验电路结构图COM中各标准信号(PIOX)对应的器件的引脚名,必须查附表1.1。

⑦ 发光管插线接口。在主板的右上方有6个发光管(共阳连接),以供必要时用接插线与目标器件连接显示。由于显示控制信号的频率比较低,所以目标器件可以直接通过连接线向此发光管输出。

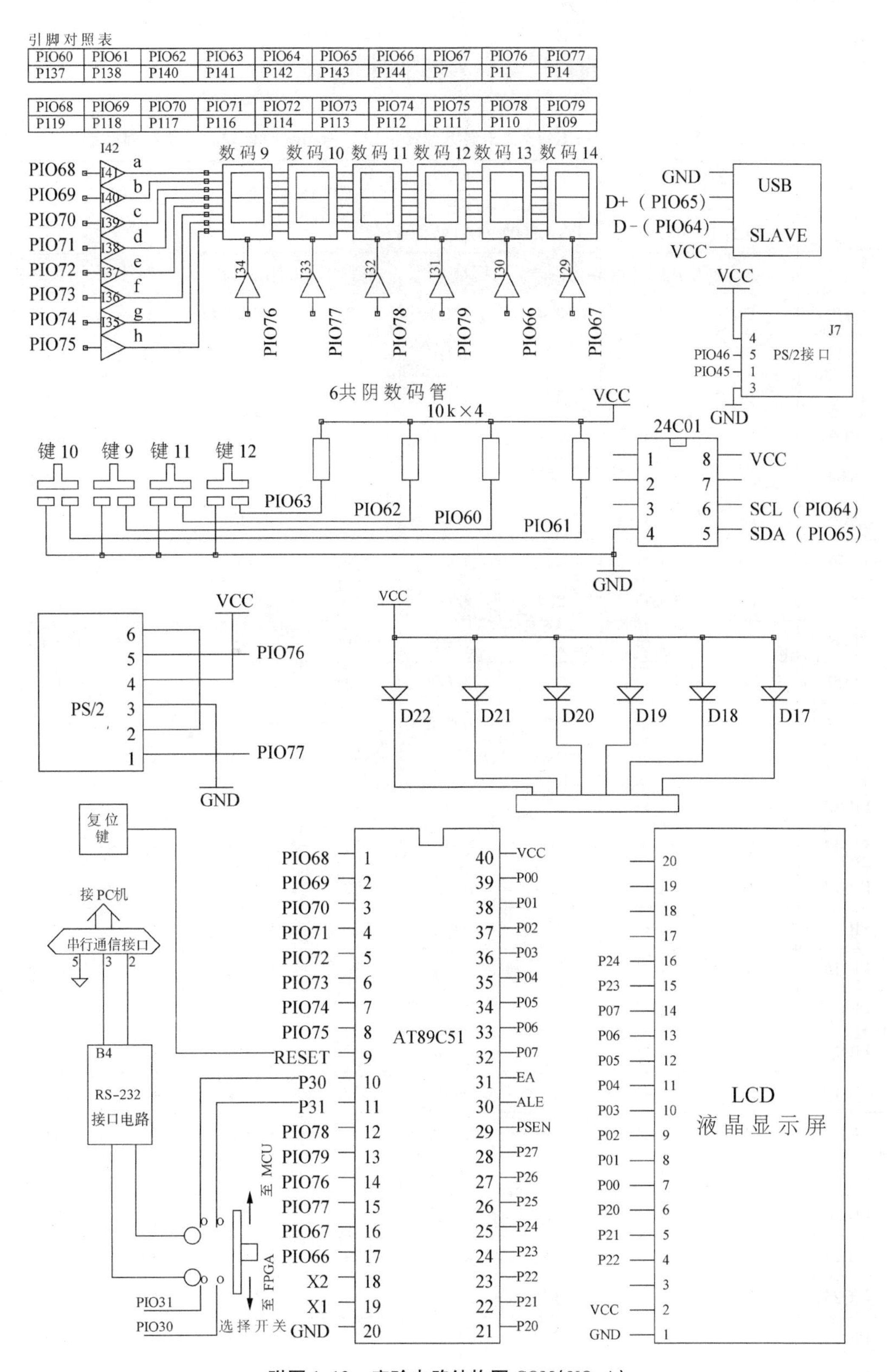

引脚对照表

PIO60	PIO61	PIO62	PIO63	PIO64	PIO65	PIO66	PIO67	PIO76	PIO77
P137	P138	P140	P141	P142	P143	P144	P7	P11	P14

PIO68	PIO69	PIO70	PIO71	PIO72	PIO73	PIO74	PIO75	PIO78	PIO79
P119	P118	P117	P116	P114	P113	P112	P111	P110	P109

附图1.13 实验电路结构图 COM(NO.A)

附 1.4　引脚对照表

附表 1.1　GW48CK/GK/EK/PK2 系统万能接插口与结构图信号与芯片引脚对照表

结构图上的信号名	GW48－CCP，GWAK100A EP1K100QC208		GW48－SOC＋/GW48－DSP EP20K200/300EQC240		GWAK30/50 EP1K30/50TQC144		GWAC3 EP1C3TC144	
	引脚号	引脚名称	引脚号	引脚名称	引脚号	引脚名称	引脚号	引脚名称
PIO0	7	I/O	224	I/O0	8	I/O0	1	I/O0
PIO1	8	I/O	225	I/O1	9	I/O1	2	I/O1
PIO2	9	I/O	226	I/O2	10	I/O2	3	I/O2
PIO3	11	I/O	231	I/O3	12	I/O3	4	I/O3
PIO4	12	I/O	230	I/O4	13	I/O4	5	I/O4
PIO5	13	I/O	232	I/O5	17	I/O5	6	I/O5
PIO6	14	I/O	233	I/O6	18	I/O6	7	I/O6
PIO7	15	I/O	234	I/O7	19	I/O7	10	I/O7
PIO8	17	I/O	235	I/O8	20	I/O8	11	DPCLK1
PIO9	18	I/O	236	I/O9	21	I/O9	32	VREF2B1
PIO10	24	I/O	237	I/O10	22	I/O10	33	I/O10
PIO11	25	I/O	238	I/O11	23	I/O11	34	I/O11
PIO12	26	I/O	239	I/O12	26	I/O12	35	I/O12
PIO13	27	I/O	2	I/O13	27	I/O13	36	I/O13
PIO14	28	I/O	3	I/O14	28	I/O14	37	I/O14
PIO15	29	I/O	4	I/O15	29	I/O15	38	I/O15
PIO16	30	I/O	7	I/O16	30	I/O16	39	I/O16
PIO17	31	I/O	8	I/O17	31	I/O17	40	I/O17
PIO18	36	I/O	9	I/O18	32	I/O18	41	I/O18
PIO19	37	I/O	10	I/O19	33	I/O19	42	I/O19
PIO20	38	I/O	11	I/O20	36	I/O20	47	I/O20
PIO21	39	I/O	13	I/O21	37	I/O21	48	I/O21
PIO22	40	I/O	16	I/O22	38	I/O22	49	I/O22
PIO23	41	I/O	17	I/O23	39	I/O23	50	I/O23
PIO24	44	I/O	18	I/O24	41	I/O24	51	I/O24
PIO25	45	I/O	20	I/O25	42	I/O25	52	I/O25
PIO26	113	I/O	131	I/O26	65	I/O26	67	I/O26

（续表）

结构图上的信号名	GW48－CCP，GWAK100A EP1K100QC208		GW48－SOC＋/GW48－DSP EP20K200/300EQC240		GWAK30/50 EP1K30/50TQC144		GWAC3 EP1C3TC144	
	引脚号	引脚名称	引脚号	引脚名称	引脚号	引脚名称	引脚号	引脚名称
PIO27	114	I/O	133	I/O27	67	I/O27	68	I/O27
PIO28	115	I/O	134	I/O28	68	I/O28	69	I/O28
PIO29	116	I/O	135	I/O29	69	I/O29	70	I/O29
PIO30	119	I/O	136	I/O30	70	I/O30	71	I/O30
PIO31	120	I/O	138	I/O31	72	I/O31	72	I/O31
PIO32	121	I/O	143	I/O32	73	I/O32	73	I/O32
PIO33	122	I/O	156	I/O33	78	I/O33	74	I/O33
PIO34	125	I/O	157	I/O34	79	I/O34	75	I/O34
PIO35	126	I/O	160	I/O35	80	I/O35	76	I/O35
PIO36	127	I/O	161	I/O36	81	I/O36	77	I/O36
PIO37	128	I/O	163	I/O37	82	I/O37	78	I/O37
PIO38	131	I/O	164	I/O38	83	I/O38	83	I/O38
PIO39	132	I/O	166	I/O39	86	I/O39	84	I/O39
PIO40	133	I/O	169	I/O40	87	I/O40	85	I/O40
PIO41	134	I/O	170	I/O41	88	I/O41	96	I/O41
PIO42	135	I/O	171	I/O42	89	I/O42	97	I/O42
PIO43	136	I/O	172	I/O43	90	I/O43	98	I/O43
PIO44	139	I/O	173	I/O44	91	I/O44	99	I/O44
PIO45	140	I/O	174	I/O45	92	I/O45	103	I/O45
PIO46	141	I/O	178	I/O46	95	I/O46	105	I/O46
PIO47	142	I/O	180	I/O47	96	I/O47	106	I/O47
PIO48	143	I/O	182	I/O48	97	I/O48	107	I/O48
PIO49	144	I/O	183	I/O49	98	I/O49	108	I/O49
PIO60	202	PIO60	223	PIO60	137	PIO60	131	PIO60
PIO61	203	PIO61	222	PIO61	138	PIO61	132	PIO61
PIO62	204	PIO62	221	PIO62	140	PIO62	133	PIO62
PIO63	205	PIO63	220	PIO63	141	PIO63	134	PIO63
PIO64	206	PIO64	219	PIO64	142	PIO64	139	PIO64
PIO65	207	PIO65	217	PIO65	143	PIO65	140	PIO65

（续表）

结构图上的信号名	GW48－CCP，GWAK100A EP1K100QC208		GW48－SOC＋/GW48－DSP EP20K200/300EQC240		GWAK30/50 EP1K30/50TQC144		GWAC3 EP1C3TC144	
	引脚号	引脚名称	引脚号	引脚名称	引脚号	引脚名称	引脚号	引脚名称
PIO66	208	PIO66	216	PIO66	144	PIO66	141	PIO66
PIO67	10	PIO67	215	PIO67	7	PIO67	142	PIO67
PIO68	99	PIO68	197	PIO68	119	PIO68	122	PIO68
PIO69	100	PIO69	198	PIO69	118	PIO69	121	PIO69
PIO70	101	PIO70	200	PIO70	117	PIO70	120	PIO70
PIO71	102	PIO71	201	PIO71	116	PIO71	119	PIO71
PIO72	103	PIO72	202	PIO72	114	PIO72	114	PIO72
PIO73	104	PIO73	203	PIO73	113	PIO73	113	PIO73
PIO74	111	PIO74	204	PIO74	112	PIO74	112	PIO74
PIO75	112	PIO75	205	PIO75	111	PIO75	111	PIO75
PIO76	16	PIO76	212	PIO76	11	PIO76	143	PIO76
PIO77	19	PIO77	209	PIO77	14	PIO77	144	PIO77
PIO78	147	PIO78	206	PIO78	110	PIO78	110	PIO78
PIO79	149	PIO79	207	PIO79	109	PIO79	109	PIO79
SPEAKER	148	I/O	184	I/O	99	I/O50	129	I/O
CLOCK0	182	I/O	185	I/O	126	INPUT1	123	I/O
CLOCK2	184	I/O	181	I/O	54	INPUT3	124	I/O
CLOCK5	78	I/O	151	CLKIN	56	I/O53	125	I/O
CLOCK9	80	I/O	154	CLKIN	124	GCLOK2	128	I/O

附录 2　NH－TIV 型 EDA 实验开发系统使用说明

附 2.1　NH－TIV 系统使用注意事项

1. 闲置不用 NH－TIV 型 EDA 系统时,关闭电源,拔下电源插头!

2. 换目标芯片时要特别注意,不能插反或插错,也不能带电插拔,确信正确后才能开电源。其他接插口都可带电插拔。

3. 在插电源插头和下载电缆时最好检查一下,NH－TIV 型 EDA 系统的电源是否处于关闭状态。

4. NH－TIV 型 EDA 系统配有两块下载板,如果做一般的验证性实验,请下载到 NH10K10(采用 Altera Flex10K 系列 FPGA 芯片)下载板上,配套软件是 MAX＋plus Ⅱ;如果做设计性实验,断电后要保留,请下载到 Lattice CPLDNH1032E 下载板上,配套软件是 ispEXPERT。

附 2.2　概述

1. NH－TIV 型实验开发系统的 PLD 器件的 I/O 管脚与输入/输出器件采用固定连接,可以完成各种简单和复杂的数字电路设计实验,使实验从传统的硬件连接调试转变成为软件设计、仿真调试、编程下载的实验模式。与采用连线方式的实验模式相比,可以节省实验时间,提高实验效率,并能降低实验故障率。

2. NH－TIV 型 EDA 实验开发系统采用了“实验板＋下载板”结构,可以完成各种数字可编程实验。同时,NH 系列下载板可以结合单片机使用,完成可编程逻辑器件和单片机的联合实验。可同时进行单片机的在线仿真和可编程逻辑器件的在线编程,以便掌握 CPLD/FPGA 和 MCU 相结合应用的有关知识。同时,可以对液晶显示器进行单独编程。

3. 下载板是实验系统的核心,板上配有 CPLD/FPGA 芯片,实验中下载板插在系统实验板上,形成一个完整的实验系统。下载板上设有下载电路接口,使用通用通信电缆和计算机相连接。下载板设计中含有保护电路,以提高系统安全性能。下载板配备有扩展接口,用户可以实现自由扩展。

附 2.3　系统主板结构

附图 2.1 为 NH－TIV 型 EDA 实验开发系统的主板结构图。

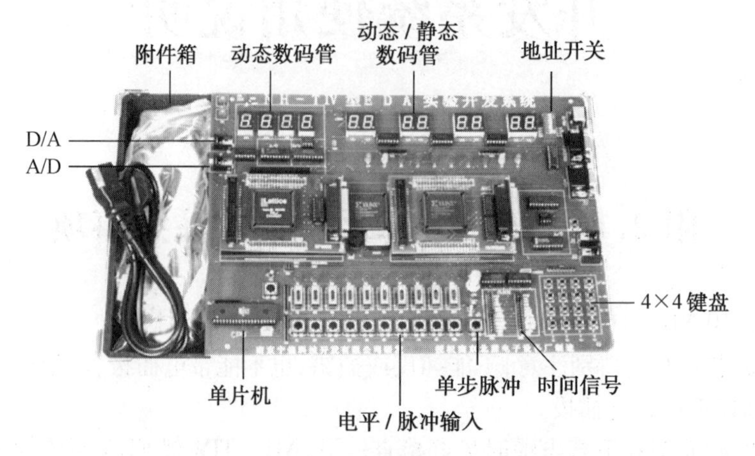

附图 2.1　NH－TIV 实验开发系统的板面结构图

附 2.4　下载板主要技术指标

下载板是实验系统的核心,可插在 NH－TIV 实验板上。下载板通过一根 25 芯并行电缆与计算机并行端口相连,由开发系统将设计文件下载、配置到下载板的 CPLD/FPGA 芯片之中。下面介绍 NH10K10 下载板和 NH1032E 下载板。

NH10K10 下载板上配有 Altera 公司 FPGA 芯片 EPF10K10LC84。EPF10K10LC84 资源包括密度 10000 门、封装 PLCC84、频率高于 150MHz;I/O 口 55 个。EDA 开发软件为 MAX＋plus Ⅱ。

NH1032E 下载板上配有 Lattice 公司 CPLD 芯 ispLSI1032E－70LJ84。ispLSI1032 资源包括密度 6000 门、封装 PLCC84、最高频率 90MHz、I/O 口 60 个。EDA 开发软件为ispEXPERT。

下载板的结构及其使用方法如下:

1. 下载板中央设计有可插拔的 PLCC84 封装的 CPLD/FPGA 芯片。

2. 下载板右侧有一个 DB25 封装的插座(编程通信接口),通过一根 25 芯下载电缆将该插座与计算机并口接口相连,使用 PLD 厂商的开发软件完成下载、配置操作。

3. 下载板上下两侧分别有双排焊点(正面)、双排插针(反面)和两个单独插针(定位用)。焊点旁边的数字即为与 CPLD/FPGA 芯片相连管脚号,管脚号边的符号名为实验板上主要信号名。

4. 上下两排焊点的左上角和右下角焊点分别为 VCC 和 GND,分别与 CPLD/FPGA 芯片的 VCC 和 GND 相连,插在实验板上可从实验板获得＋5V 电源。

5. 下载板与实验板配合使用时,可形成一个完整的实验系统。

6. 下载板也可以作为一个独立的开发工具进行使用,左边的 40 芯插座为用户扩展接口。

附 2.5 实验板主要技术指标

一、实验板主要技术指标

1. 实验板可以和多种下载板相适配。

2. 8 个七段共阴极数码管,可以通过地址开关实现静态显示和动态扫描显示。

3. 3 种颜色共 10 个发光二极管(LED),可以实现脉冲和电平显示。

4. 10 个按键/电平拨动开关,在使用同一个 I/O 端口的情况下,可以同时产生逻辑电平“1”和“0”,以及上升沿和下降沿。并且,每一个开关有相对应的 LED 显示输入的情况。

5. 4×4 矩阵扫描键盘,可以完成键盘扫描功能。

6. 2 通道时钟信号输出,可以产生 14 种频率的时钟信号和手动单步脉冲。

7. 2 套独立的 A/D、D/A 转换系统,可以实现模拟信号和数字信号的转换。

8. PS/2 接口、RS－232 接口和 VGA 接口,可以实现实验开发系统和计算机以及工业标准外设的通信。

9. 完整的单片机最小系统(含存储器),可以实现单片机和可编程逻辑器件协同工作。同时,单片机系统当中包含有独立的 A/D、D/A 转换系统,构成了独立的数据采集系统。

10. 128×64 图形显示液晶,可以实现汉字和图形的显示。

二、实验板器件功能

1. 高低电平开关 K1～K10、脉冲按键 S1～S10 及指示灯。

实验板有 10 个高低电平开关 K1～K10 和 10 个脉冲按键 S1～S10,每一组电平拨动开关和脉冲按键使用同一个 I/O 口。拨动开关上方配有 10 个发光二极管 D1～D10,这些发光管既可以作为电平按键输入指示,也可作为脉冲按键输入指示。

2. 发光二极管 L1～L10。

在实验板的上方有 10 个发光二极管 L1～L10,它们分别与下载板上的 I/O 口相连。红灯、黄灯、绿灯可以用于交通灯等实验。这些发光二极管设计有保护电路,当相应的 I/O 管脚输出逻辑高电平“1”时,发光二极管点亮,当管脚输出逻辑低电平“0”时,发光二极管熄灭。

3. 动、静态显示数码管 M1～M8。

实验板上配备的 8 个数码管可以工作于动态扫描和静态显示两种方式。动态扫描方式下,可以控制 8 个数码管;静态显示方式下,可以控制 4 个数码管。在动态扫描方式下,a、b、c、d、e、f、g、dp 为数码管的 8 段驱动,M1、M2、M3、M4、M5、M6、M7、M8 为 8 个数码管的位驱动,动态显示为 8 位。静态显示方式下,4 个数码管可以单独控制。

注意:

(1) 在静态显示方式下,系统实验板配有 4～7 段译码器,用户无需另行设计译码电路和扫描电路。

(2) 在动态扫描方式下,当段驱动输入逻辑电平“1”、位驱动输入逻辑电平“1”时,数码管点亮。

4. 时钟信号 CP1、CP2。

在实验板的右下侧共有二通道独立的“时钟信号”。

CP1、CP2 两组信号源共有从低频到高频的 28 个时钟信号分别与下载板的 CP1、CP2 相连通,并有单步信号输入按键 STEP。

单步信号按键位于实验板的右下侧,每按一次,将产生一个与按下时间等脉宽的单步脉冲。单步信号按键上方的指示灯指示按键情况。CP1 和 CP2 中的 STEP 均与该单步信号相连接。

CP1、CP2 两通道信号源中的任何一个通道插座中只能选择一种信号频率,操作中只能分别插入一个跳线帽。

5. 蜂鸣器。

主板配有蜂鸣器电路,蜂鸣器位于主板左侧(两个下载板中间),下载板中的 SP 信号端与蜂鸣器电路输入端相连,向蜂鸣器输出一个可调频率的方波,蜂鸣器根据不同频率发出音响,蜂鸣器额定输出功率为 50mW。

6. A/D 转换器 ADC0804。

ADC0804 的特点如下:

(1) 8 位分辨率 A/D 转换器。

(2) 容易与所有的单片机进行接口。

(3) 差分模拟电压输入。

(4) 逻辑输入和输出为 TTL 电平。

(5) 转换时间为 103 ~ 114ms。

(6) 最大非线性误差为 ±1LSB Max。

(7) 片上带有时钟发生器。

(8) 单电源 5V 供电,模拟电压输入范围为 0 ~ 5V。

(9) 不需要零位调整。

实验板配有并行模数转换器 ADC0804,可完成数据采集、数字电压表等实验课题。A/D 转换器的模拟电压输入有两种方式。方式一:采用系统电源的 +5V 电源。操作方法如下:跳线帽插上 CZ5(单步时钟按键上面)插座,运行 A/D 控制程序,调节电位器(位于 CZ5 上方),数码管显示相应的数据。方式二:采用外部输入的模拟电压。操作方法如下:拔掉跳线帽,用户可以使用实验板右侧中部的 A/D 信号输入插座 J2,调节电位器可以改变模拟输入信号的大小。

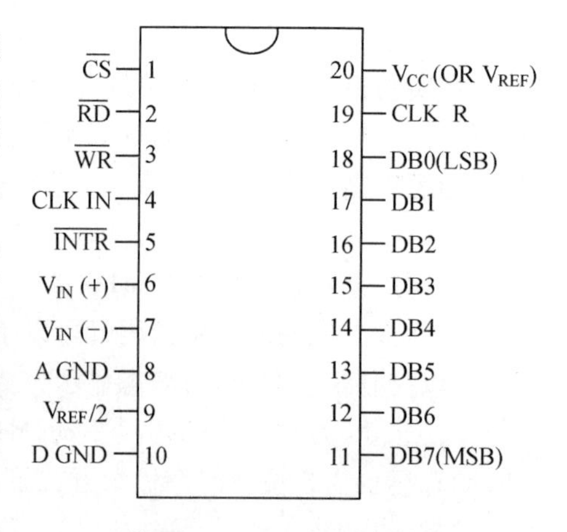

附图 2.2 ADC0804 管脚图

附图 2.2 为 ADC0804 管脚图,附图 2.3 为 ADC0804 转换时序图,附图 2.4 为 ADC0804 输出时序图,附图 2.5 为 ADC0804 工作在 Self-Clocking in Free-Running 模式时管脚连接图。

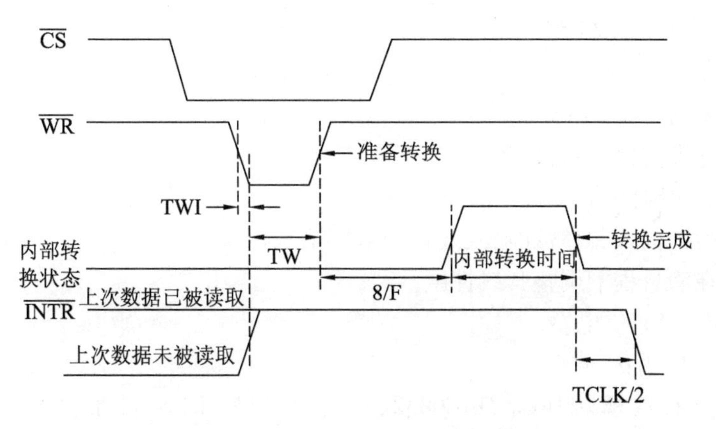

附图 2.3　ADC0804 转换时序图

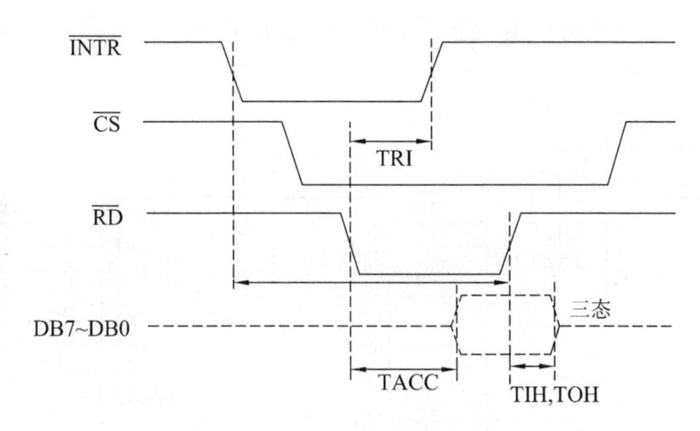

附图 2.4　ADC0804 输出时序图

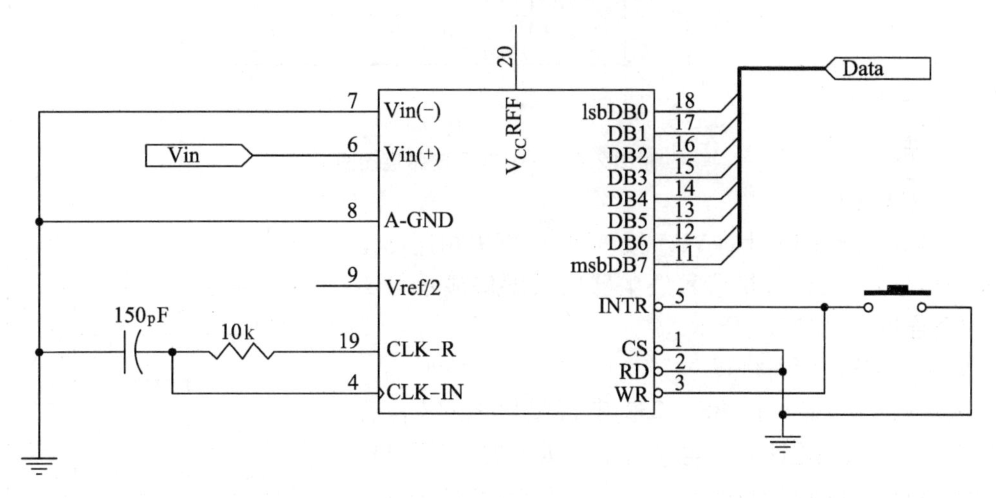

附图 2.5　ADC0804 工作在 Self-Clocking in Free-Running 模式时管脚连接图

注意,在上电的瞬间,需要给 WR 一个低电平,让系统工作。

7. D/A 变换器 DAC0832。

DAC0832 的特点如下：

（1）分辨率为 8 位。

（2）提供标准的处理器接口。

（3）电流稳定时间为 1ms。

（4）可单缓冲输入、双缓冲输入或直接数字输入。

（5）只需在满量程下调整其线性度。

（6）单电源 +5V 供电。

DAC0832 的应用：

实验板上配有数模转换器 DAC0832，可完成 FSK、DDS、波形产生器等实验课题。DAC0832 为学习并行 D/A 数模转换器提供了良好的实践环境。DAC0832 有一路 D/A 转换器，通过运放 OP07 进行电流—电压转换，模拟信号从 J1 输出（输出为负电压）。DAC0832 电路连接如附图 2.6 所示。

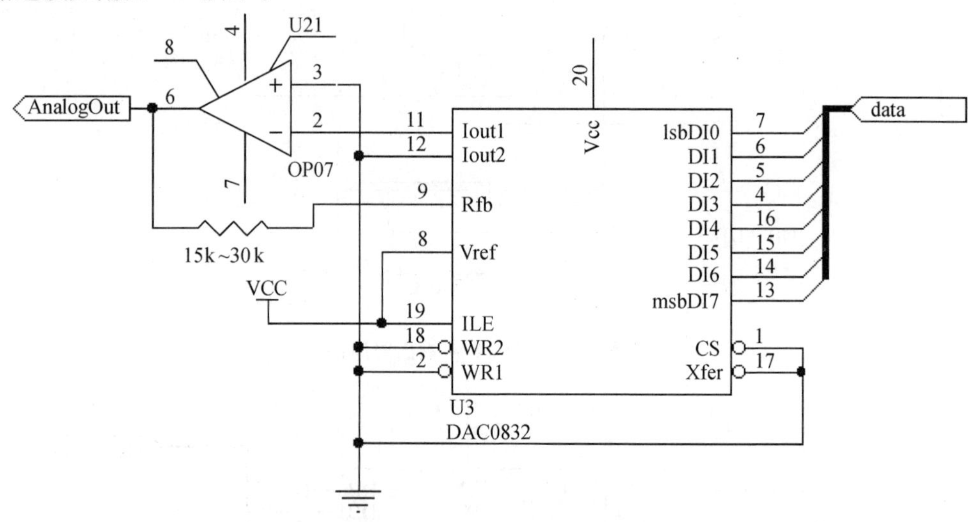

附图 2.6　DAC0832 电路连接图

8. VGA 接口。

实验板上配有 15 针的 VGA 接口，和计算机相连可完成彩条信号发生器、方格信号发生器以及图像显示等实验，电路连接如附图 2.7 所示。

9. RS－232 串行接口。

实验板上配有 9 针 RS－232 串行接口电路（含有 MAX232 电平转换电路），该电路将下载板上的 CPLD/FPGA 的 CMOS/TTL 电平转换成 RS－232 电平，并且通过实验板上 RS－232 插座与计算机及其他设备的 RS－232 通信接口相连，电路连接如附图 2.8 所示。

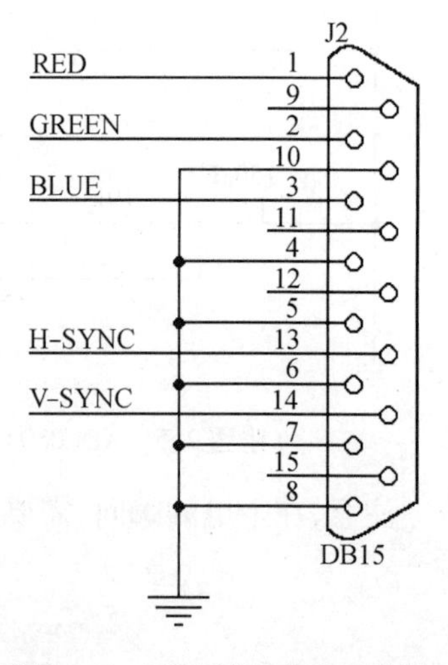

附图 2.7　VGA 接口电路连接图

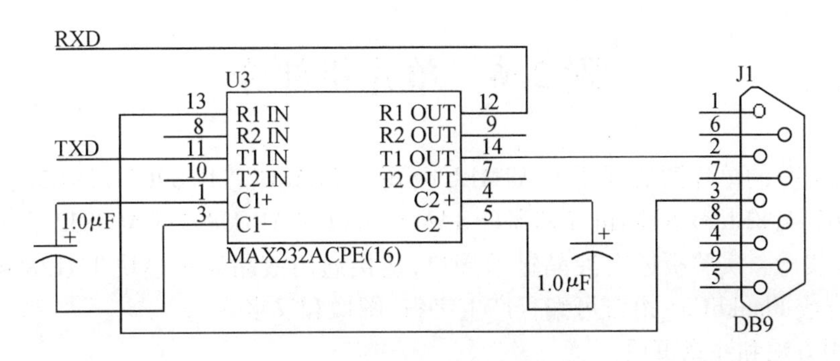

附图 2.8 串行接口电路连接图

10. PS/2 接口。

实验板上配有 6 针 PS/2 接口，这是一种新型串行接口，可与计算机的鼠标、键盘等外设相连接，完成 PS/2 协议的处理和通信，电路连接如附图 2.9 所示。

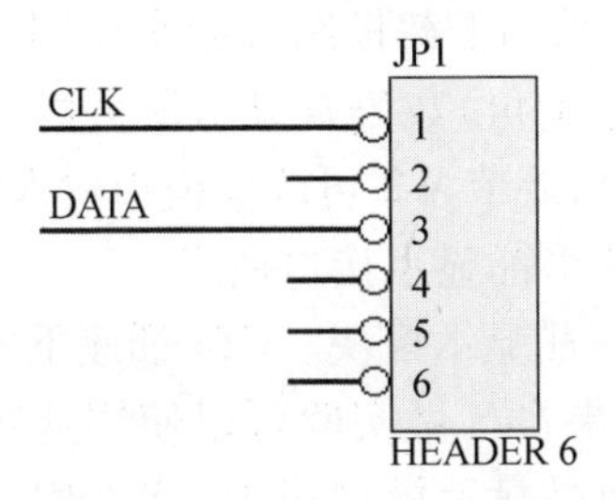

附图 2.9 PS/2 接口电路连接图

11. 4×4 键盘。

实验板右下角有一个 4×4 矩阵扫描键盘，它的水平和垂直方向各可以输入/输出 4 位信号，共可以产生 16 种组合信号，电路连接如附图 2.10 所示。

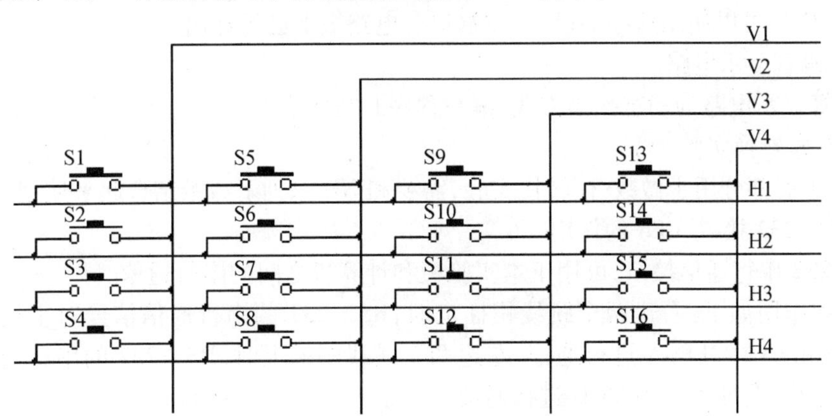

附图 2.10 4×4 矩阵扫描键盘连接图

12. 步脉冲按键 STEP。

主板设有两路单步脉冲按键 STEP(按下一次 STEP 按键，指示灯亮，表明输出一个单步脉冲)。时钟信号 CP1、CP2 通过短接插座上的跳线帽与 CPLD/FPGA 的时钟输入端相连，使下载板上的 CPLD/FPGA 获得相应的时钟信号。

附 2.6 单片机部分

单片机部分的单片微处理器为 ATMEL 公司的 FLASH 芯片 89C51/89C52;单片机外围配备了 HY6264(8Kbit×8)随机存储器(SRAM),可以和 ADC0804/DAC0832 完成数模转换/模数转换等实验。实验板还有液晶显示接口,连接通用液晶显示模块 TM12864,用 MCS－51 汇编语言或 FlankliC51 语言可编程产生字符、图像和汉字。

1. 使用方法和注意事项。

主板设有两路单步脉冲按键 STEP(按下一次"STEP"按键,指示灯亮,表明输出一个单步脉冲)。时钟信号 CP1、CP2,通过短接插座上的跳线帽与 CPLD/FPGA 的时钟输入端相连,使下载板上的 CPLD/FPGA 获得相应的时钟信号。

2. CZ2(左上角)为模数转换器切换插座。

做模数转换实验需要和 NH 系列下载板结合起来使用。当 CZ2 跳线帽插上时,运行相应的 A/D 控制程序,调节 W2(左上角)数码管显示发生相应的变化;当跳线帽不插时,用户可使用模拟信号的输入接口(J4),调节 W2 可改变模拟输入信号的大小。

3. CZ4(左面下载板上方)为液晶显示接口插座。

此处可插上 TM12864 通用液晶显示模块。CZ4 插座下的字符除 GND、VCC、VEE、V0 外其余均为 89C51 的端口,用户如果自己做实验可以使用这些端口,这些端口均没有和下载板相连,是独立的,但是必须将液晶显示模块拔下。W1 用于调节液晶显示模块的对比度,调到适当位置使得液晶屏显示清晰即可。CZ3 为液晶显示模块背景光电源接口插座。

注意,液晶显示模块插入 CZ4 插座时必须一一对应,以免损坏液晶显示模块。

另外,89C51 的 P1 口、读信号线端口 RD、写信号线端口 WR、定时器端口 T0 和 T1、外部中断信号端口 INT0 和 INT1 都和液晶显示器相连,相连的插座为 CZ4。当液晶显示器不用而拔下时,用户可以使用这些端口,具体端口名电路板上已经标出。

4. 数码管显示电路。

数码管显示电路为动态扫描方式,编写程序时需要注意。

5. 数/模转换实验。

MCU 扩展部分用于做数/模转换实验,需要和 NH 系列下载板结合起来使用。

6. RS－232 接口、CZ6 的作用。

RS－232 串行通信接口,可用于本实验板和计算机之间的串行通信。

CZ6 的作用如下:右边两个跳线帽插上时,RS－232 的串行通信信号对主板右侧起作用,即可以和 CPLD/FPGA 进行通信;左边两个跳线帽插上时,RS－232 的串行通信信号对主板左侧起作用,即可以和 MCU 进行通信。

7. 复位按键。

RESET 为复位按键(位于单片机上方),用于 89C51 的复位,当 MCU 系统需要复位时可按此按键。

8. NH－TIV 型 MCU 部分引脚对应表。

(1) P3(左边下载板上面插槽)插槽引脚对应表(附表 2.1)。

第二、第四两行为 NH 系列下载板引脚号,第一、第五两行为 MCU 扩展部分对应引脚

号，其中，A、B、C、D、E、F、G、DP 为 4 个数码管的段驱动（并联），M1、M2、M3、M4 为 4 个数码管的位驱动引脚，CS1 为 RAM6264 的片选信号引脚，RD1、WE1 分别为 RAM6264 的读允许信号引脚和写允许信号引脚，A0 ~ A12 为 RAM6264 的地址线。

附表 2.1　P3 插槽引脚对应表

G	E	C	A	M4	M2	CS2	RD2	WR2	CS3	WR3	A12	A10	A8	A6	A4	A2	A0		GND
L10	L8	L6	M7	M5	M3	M1	G	E	C	A	L4	L2	H1	H3	V1	V3			GND
VCC	L9	L7	M8	M6	M4	M2	DP	F	D	B	L5	L3	L1	H2	H4	V2	V4		GND
VCC	F	D	B	DP	M3	M1	WR	RD	RD1	CS1	WE1	A11	A9	A7	A5	A3	A1		GND

（2）P4（左边下载板下面插槽）插座引脚对应表（附表 2.2）。

第二、第四两行为 NH 系列下载板引脚号，第一、第五两行为 MCU 扩展部分对应引脚号，其中，P00 ~ P07 为 89C51 的 P0 口，ALE/POROG 为 89C51 的允许地址锁存和编程电压引脚（复用），P20 ~ P24 为 89C51 的 P2 口，D0 ~ D7 为 RAM6264、ADC0804、DAC0832 共用的 8 位数据线。

附表 2.2　P4 插座引脚对应表

VCC															D3	D2	D1	D0	GND
VCC															D3	D2	D1	D0	GND
SP	K1	K2	K3	K4	K5	K6	K7	K8	K9	K10	P01	P00	D7	D6	D5	D4	CP1	CP2	GND
P00	P01	P02	P03	P04	P05	P06	P07	ALE	P24	P23	P22	P21	P20	D7					
D6	D5	D4	CLK	GND															

附 2.7　管脚锁定

一、NH10K10下载板

附表 2.3　管脚锁定表

主要器件名称	信号名	兼容器件名称	信号名	NH10K10
发光二极管	L10	DAC0832	D17	25
	L9		D16	24
	L8		D15	23
	L7		D14	22
	L6		D13	21
	L5		D12	78
	L4		D11	73
	L3		D10	72
	L2	PS2	CLK	71
	L1		DATA	70

（续表）

主要器件名称	信号名	兼容器件名称	信号名	NH10K10
拨动开关	K1			28
	K2			29
	K3			30
	K4			35
	K5			36
	K6			37
	K7			38
	K8			39
	K9			47
	K10			48
MAX232A		RS232	RXD	49
			TXD	50
A/D 转换器	DB7	ADC0804		51
	DB6			52
	DB4	ADC0804		53
	DB3			54
	DB2			58
	DB1			59
	DB0			61
扬声器	SP			27
矩阵键盘	H1	VGA	R	69
	H2		G	67
	H3		B	66
	H4		H - SYNC	65
	V1		V - SYNC	64
	V2			62
	V3			84(I)
	V4			2(I)
时钟信号	CP1			1

附表 2.4　数码管动态扫描管脚锁定表

七段码	a	b	c	d	e	F	g	dot
	11	10	9	19	18	17	16	8
选择端	sel8	sel7	sel6	sel5	sel4	sel3	sel2	sel1
	3	5	6	7	79	80	81	83

附表 2.5　数码管静态显示管脚锁定表

M1D	M1C	M1B	M1A	M2D	M2C	M2B	M2A
3	5	6	7	79	80	81	83
M3D	M3C	M3B	M3A	M4D	M4C	M4B	M4A
11	10	9	19	18	17	16	8

二、NH1032下载板

附表 2.6　管脚锁定表

主要器件名称	信号名	兼容器件名称	信号名	NH1032
发光二极管	L10	DAC0832	D17	18
	L9		D16	17
	L8		D15	16
	L7		D14	15
	L6		D13	14
	L5		D12	78
	L4		D11	77
	L3		D10	76
	L2	PS2	CLK	75
	L1		DATA	74
拨动开关	K1			30
	K1			30
	K2			32
	K3			34
	K4			36
	K5			37
	K6			38
	K7			39
	K8			41
	K9			45
	K10			47

（续表）

主要器件名称	信号名	兼容器件名称	信号名	NH1032
MAX232A		RS232	RXD	48
			TXD	49
A/D 转换器	DB7	ADC0804		50
	DB6			51
	DB5			52
	DB4			53
	DB3			54
	DB2			55
	DB1			56
	DB0			57
扬声器	SP			28
矩阵键盘	H1	VGA	R	73
	H2		G	72
	H3		B	71
	H4		H－SYNC	70
	V1		V－SYNC	69
	V2			68
	V3			62
	V4			60
时钟信号	CP1			20
	CP2			66

附表 2.7　数码管动态扫描管脚锁定表

七段码	a	b	c	d	e	f	g	dot
	9	8	7	13	12	11	10	6
选择端	sel8	sel7	sel6	sel5	sel4	sel3	sel2	sel1
	83	3	4	5	79	80	81	82

附表 2.8　数码管静态显示管脚锁定表

M1D	M1C	M1B	M1A	M2D	M2C	M2B	M2A
83	3	4	5	79	80	81	82
M3D	M3C	M3B	M3A	M4D	M4C	M4B	M4A
9	8	7	13	12	11	10	6

附 2.8　跳线、地址开关使用说明

1. 12MHz 晶振跳线。

通常情况下，将 12MHz 晶振的跳线帽插到左边。当一些高频实验需要使用 12MHz 晶振的时候，将晶振的跳线帽插到右边。

2. 地址开关。

（1）动态和静态显示切换。

将地址开关的 1 号（最上面）拨动开关拨到左边为数码管的动态扫描显示，拨到右边为数码管的静态显示。

（2）发光二极管控制开关。

将地址开关的 5 号和 6 号拨动开关（自上向下第五个和第六个）拨到左边发光二极管停止工作，拨到右边发光二极管可以正常显示。

（3）PS/2 控制开关。

将地址开关的 7 号和 8 号（最下面）拨动开关拨动到右边 PS/2 接口可以正常工作，拨动到左边 PS/2 接口停止工作。（注：当 PS/2 正常工作的时候，建议使发光二极管停止工作。）

附录3　MAX + plus Ⅱ使用指导

附3.1　MAX + plus Ⅱ概述

Altera公司的MAX + plus Ⅱ软件是易学、易用的可编程逻辑器件开发软件。其界面友好,集成化程度高。本书以其学生版10.0 Baseline为例讲解该软件的使用。

Altera公司为支持教育,专门为大学提供了学生版软件,其在功能上与商业版类似,仅在可使用的芯片上受到限制。以下为10.0 Baseline所具有的功能。

1. 支持的器件。

EPF10K10、EPF10K10A、EPF10K20、EPF10K30A以及MAX 7000系列(含MAX7000A、MAX7000AE、MAX7000E、MAX7000S)、EPM9320、EPM9320A、EPF8452A和EPF8282A、FLEX6000/A系列、MAX 5000系列、ClassicTM系列。

2. 设计输入。

(1) 图形输入(GDF文件);

(2) AHDL语言(the Altera. Hardware Description Language);

(3) VHDL;

(4) Verilog HDL;

(5) 其他常用的EDA工具产生的输入文件,如EDIF文件;

(6) Floorplan编辑器(低层编辑程序),可方便进行管脚锁定、逻辑单元分配;

(7) 层次化设计管理;

(8) LPM(可调参数模块)。

3. 设计编译。

(1) 逻辑综合及自动适配;

(2) 错误自动定位。

4. 设计验证。

(1) 时序分析、功能仿真、时序仿真;

(2) 波形分析/模拟器;

(3) 生成一些标准文件为其他EDA工具使用。

5. 器件编程(Programming)和配置(Configuration)。

6. 在线帮助。

附 3.2　MAX + plus Ⅱ 的设计过程

MAX + plus Ⅱ 的设计过程可用如附图 3.1 所示流程图表示。

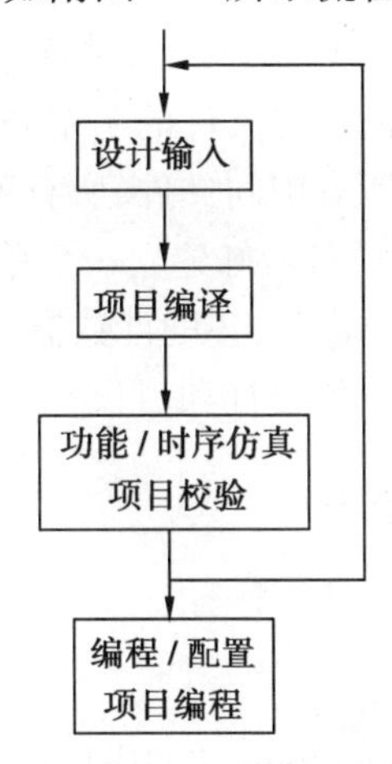

附图 3.1　MAX + plus Ⅱ 设计流程图

其中：

1. 设计输入。

用户可使用 MAX + plus Ⅱ 10.0 提供的图形编辑器和文本编辑器实现图形、HDL 的输入，也可输入网表文件。

2. 项目编译。

为完成对设计的处理，MAX + plus Ⅱ 10.0 提供了一个完全集成的编译器（Compiler），它可直接完成从网表提取到最后编程文件的生成。在编译过程中其生成一系列标准文件可进行时序模拟、适配等。若在编译的某个环节出错，编译器会停止编译，并告诉错误的原因及位置。附图 3.2 即为 MAX + plus Ⅱ 10.0 编译器的编译过程。

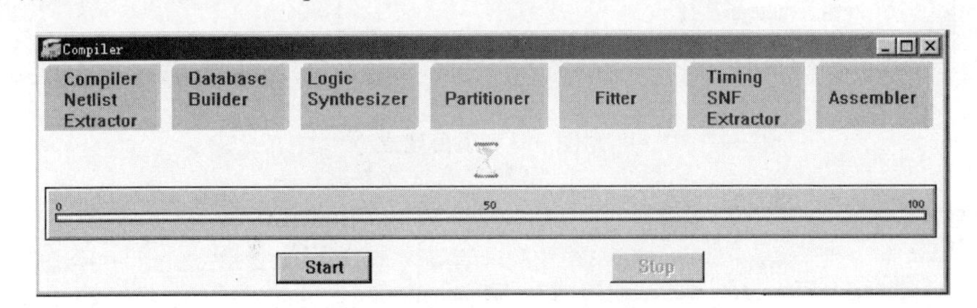

附图 3.2　MAX + plus Ⅱ 10.0 编译器的编译过程

此编译过程的各个环节的含义将在下面的操作中讲述。

3. 项目校验。

完成对设计功能的时序仿真；进行时序分析，判断输入输出间的延迟。

4. 项目编程。

将设计下载/配置到所选择的器件中去。

下文将详细介绍这些设计的过程。

附 3.3 图形输入的设计过程

在 MAX + plus Ⅱ 中,用户的每个独立设计都对应一个项目,每个项目可包含一个或多个设计文件,其中有一个是顶层文件,顶层文件的名字必须与项目名相同。编译器对项目中的顶层文件进行编译。项目还管理所有中间文件,所有项目的中间文件的文件名相同,仅后缀名(扩展名)不同。对于每个新的项目最好建立一个单独的子目录。

下面以利用元件 74161 设计一个模为 12 的计数器为例,介绍图形输入的设计过程。设计放在目录"d:\mydesign\graph"下。该设计项目仅含一个设计文件。

一、项目建立与图形输入

(一) 项目建立

1. 启动 MAX + plus Ⅱ 10.0。

从"开始"菜单"程序"中的"MAX + plus Ⅱ 10.0 Baseline"组中的"MAX + plus Ⅱ 10.0 Baseline"单击"MAX + plus Ⅱ 10.0"项。

2. 在"File"菜单中选择"Project"的"Name"项,即单击附图 3.3 中的"Name",出现如附图 3.4 所示的对话框。

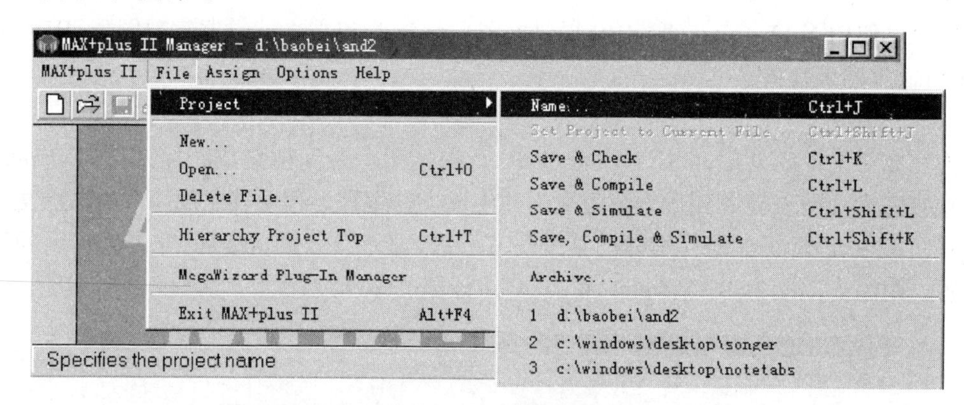

附图 3.3 项目建立

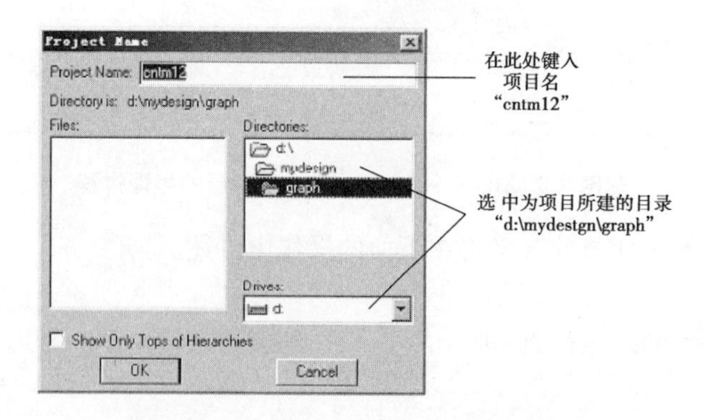

附图 3.4 输入指定项目名对话框

在附图 3.4 中的"Directories"区选中刚才为项目所建的目录，在"Project Name"区键入项目名，此处为"cntm12"。

3. 单击"OK"按钮确定。

（二）图形输入

1. 建立图形输入文件。

在"File"菜单下选择"New"，出现如附图 3.5 所示的对话框。

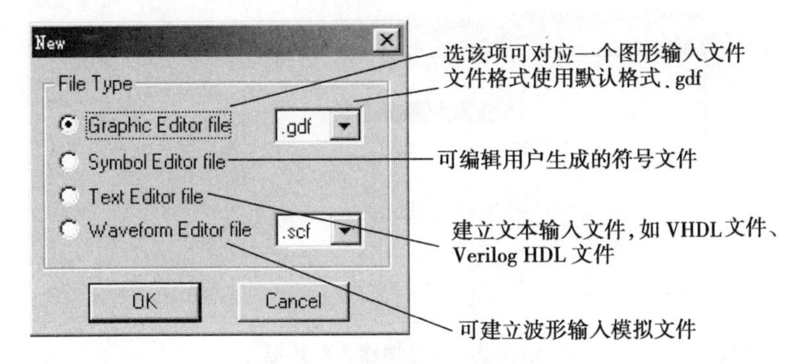

附图 3.5　新建文件类型对话框

在附图 3.5 中选择"Graphic Editor file"，单击"OK"按钮后出现如附图 3.6 所示窗口，此时即可开始建立图形输入文件。

附图 3.6　图形编辑器窗口

在附图 3.6 所示图形编辑区双击鼠标左键可打开"Enter symbol"对话框，如附图 3.7 所示。在该对话框中可选择需要输入的元件/逻辑符号，例如，可选择一个计数器、一个与门等。

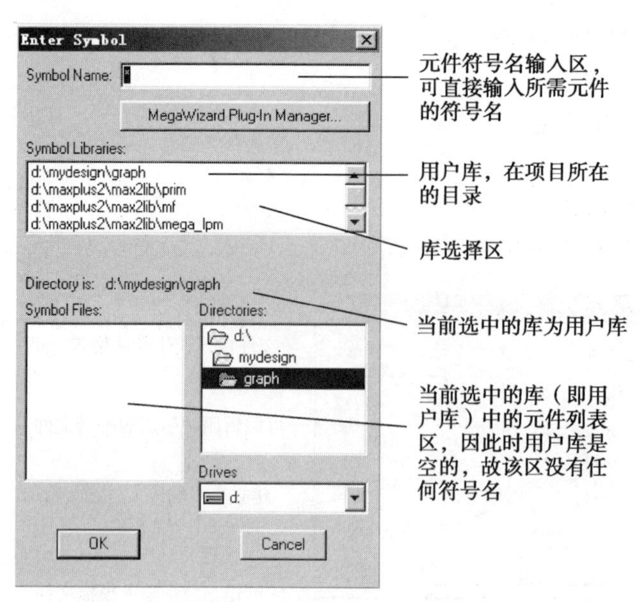

附图 3.7　元件输入对话框

MAX + plus Ⅱ 为实现不同的逻辑功能提供了大量的库文件，每个库对应一个目录。这些库根据其功能大小及特点可分为：

（1）用户库：放有用户自建的元器件，即一些低层设计；

（2）prim（基本库）：基本的逻辑块器件，如各种门、触发器等；

（3）mf（宏功能库）：包括所有 74 系列逻辑元件，如 74161；

（4）mega_lpm（可调参数库）：包括参数化模块、功能复杂的高级功能模块，如可调模值的计数器、FIFO、RAM 等；

（5）edif 和 mf 库类似。

因为此处所需元件 74161 位于宏功能库，所以在附图 3.7 中的库选择区双击目录“d:\maxplus2\max2lib\mf”，此时在元件列表区列出了该库中所有器件，找到 74161，单击。此时 74161 出现在元件符号名输入区，如附图 3.8 所示。

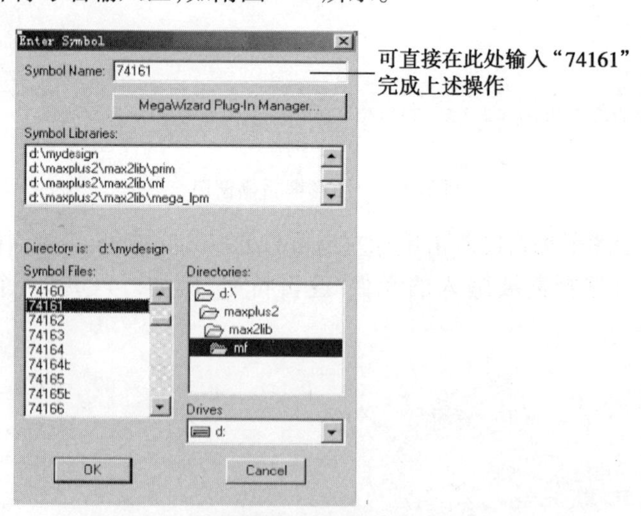

附图 3.8　选中 74161

单击“OK”按钮关闭此对话框，此时可发现在图形编辑器窗口出现了 74161，如附图 3.9 所示。

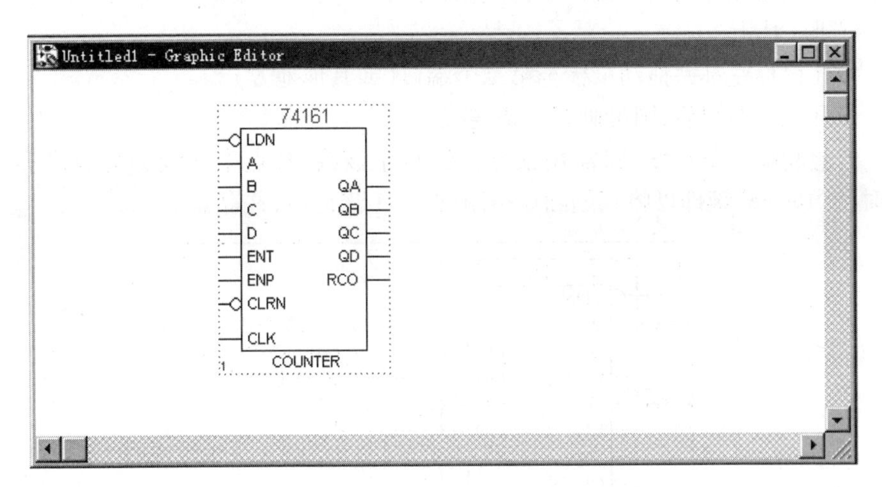

附图 3.9 调入 74161

2. 保存文件。

从“File”菜单下选择“Save”，出现文件保存对话框，单击“OK”按钮，使用默认的文件名存盘。此处默认的文件名为“cntm12. gdf”，即项目名“cntm12”加上图形文件的扩展名“. gdf”。

3. 调入一个三输入与非门。

采用同步置零法，使 74161 在“1011”处置零来实现模为 12 的计数器。故需调用一个三输入与非门，三输入与非门位于库“prim”中，名称为“nand3”（n 代表输出反向，and 代表与门，3 代表输入端的个数，所以“nand3”为一个三输入与非门；同样“or6”代表一个 6 输入或门；xor 代表异或门）。

按照 1(5) 调入“nand3”和代表低电平的“and”（位于库 prim 中），也可在图形编辑区双击鼠标左键后，在符号输入对话框中直接输入“gnd”，单击“OK”按钮。若已知道符号名，可采用这种方法直接调用该符号代表的元件。

在输入“74161”、“nand3”、“gnd”三个符号后，可得附图 3. 10。

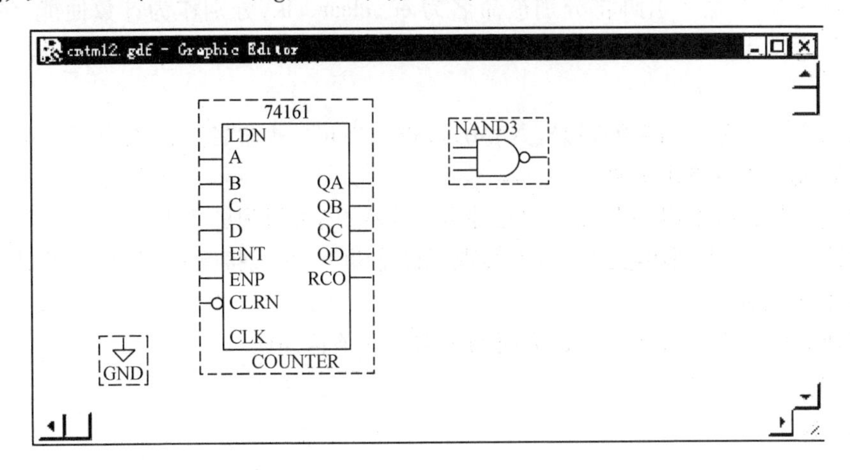

附图 3.10 调入其他元件

4. 连线。

如果需要连接元件的两个端口则将鼠标移到其中的一个端口上，这时鼠标指示符会自动变为"+"形，然后：

(1) 按住鼠标左键并拖动鼠标至第二个端口（或其他地方）。

(2) 松开鼠标左键后，则可画好一条连线。

(3) 若想删除一条连线，只需用鼠标左键点中该线，被点中的线会变为高亮线（为红色），此时按"Delete"键即可将其删除。按附图 3.11 连好线，并存盘。

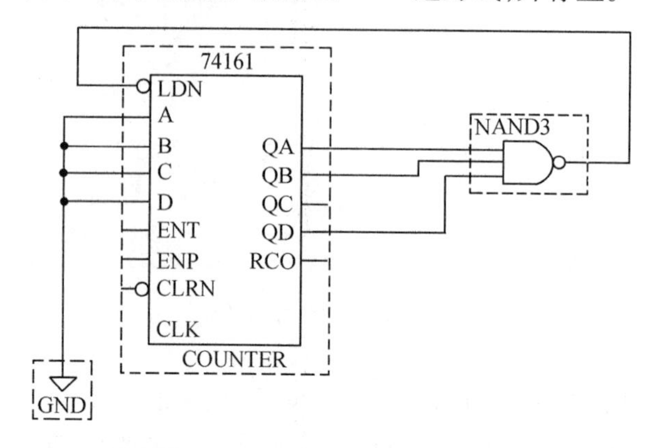

附图 3.11 连线图

5. 添加输入输出引脚。

输入引脚的符号名为"input"，输出引脚的符号名为"output"，仿照前面添加 74161 的方法加入 3 个输入引脚和 5 个输出引脚。"input"和"output"皆位于库"prim"下，它们的外形如附图 3.12 所示。

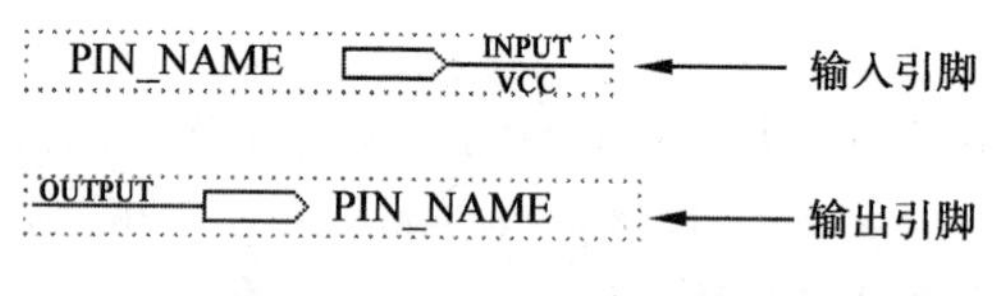

附图 3.12 输入引脚和输出引脚外形图

在本例中，3 个输入引脚将分别被命名为 en、clear、clk，分别作为计数使能、清零、时钟输入。5 个输出引脚分别被命名为 q0、q1、q2、q3、cout，分别作为计数器计数输出、进位输出。

双击其中一个输入引脚的"PIN_NAME"，输入"en"，就命名了输入引脚"en"。按同样方法命名其他输入或输出引脚。

命名完后将这些引脚同对应好的元件端口连接好，可得附图 3.13。

在绘图过程中，可利用绘图工具条实现元件拖动、交叉线接断功能，具体可见附图 3.14 对此工具条的说明。

在完成附图 3.13 后，即可开始下面的步骤——项目编译。

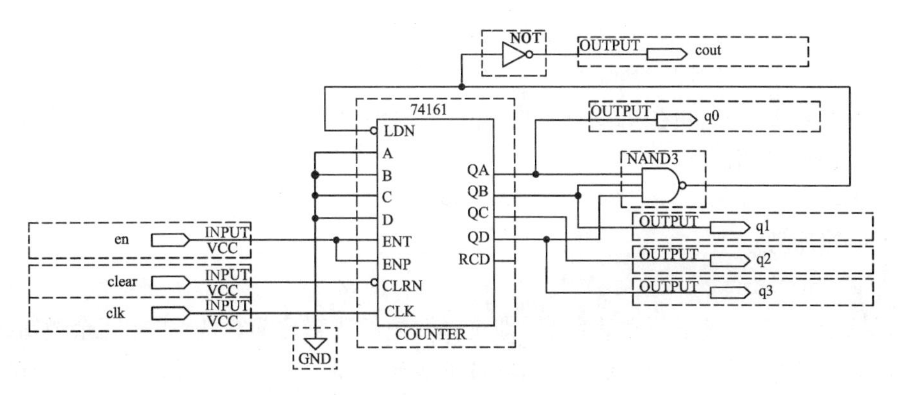

附图 3.13　模 = 12 的计数器电路图

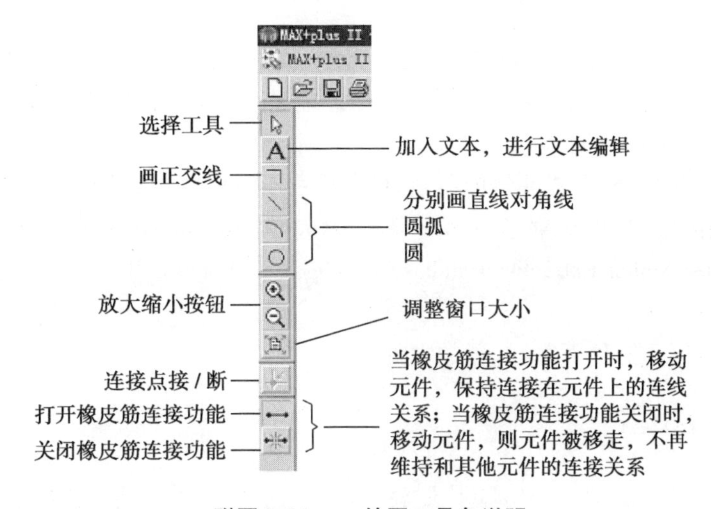

附图 3.14　绘图工具条说明

二、项目编译

完成设计文件输入后，可开始对其进行编译。在“MAX + plus Ⅱ”菜单中选择“Compiler”，即可打开编译器，如附图 3.15 所示。单击“Start”按钮就可开始编译。编译成功后可生成时序模拟文件及器件编程文件。若有错误，编译器将停止编译，并在下面的信息框中给出错误信息，双击错误信息条，一般可给出错误之处。

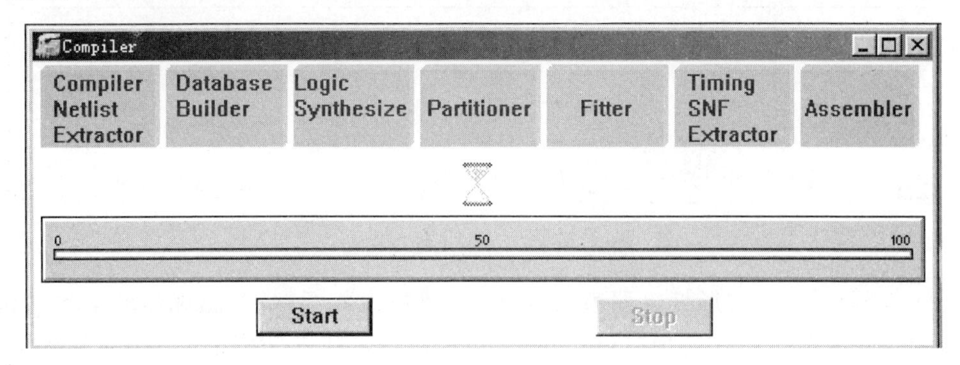

附图 3.15　编译器

编译器由多个部分组成,各部分名称与功能如下:

1. Compiler Netlist Extractor。

编译器网表提取器,可生成设计的网表文件,若图形连接中有错误(如两个输出直接短接),它将指出此类错误。

2. Database Builder。

数据库建库器。

3. Logic Synthesizer。

逻辑综合器,对设计进行逻辑综合,即选择合适的逻辑化简算法,去除冗余逻辑,确保对某种特定的器件结构尽可能有效地使用器件的逻辑资源,还可去除设计中无用的逻辑。用户可通过修改逻辑综合的一些选项,来指导逻辑综合。

4. Fitter。

适配器,它通过一定的算法(或试探法)进行布局,将通过逻辑综合的设计最恰当地用一个或多个器件来实现(注:若直接分配在多个器件中实现,需 Partitioner,学生版不支持此功能)。

5. Timing SNF Extractor。

时序模拟的模拟器网表文件生成器,它可生成用于时序模拟(项目校验)的标准时延文件。若想进行功能模拟,可从菜单"Processing"中选择"Functional SNF Extrctor"项,此时编译器仅由 Compiler Netlist Extractor、Database Builder、Functional SNF Extrctor 三项构成。

6. Assembler。

适配器,生成用于器件下载/配置的文件。

三、项目校验

编译器通过"Timing SNF Extractor"后就可进行时序模拟了。其步骤如下:

1. 建立波形输入文件(也称模拟器通道文件 SCF)。

(1) 从菜单"File"中选择"New"打开新建文件类型对话框,如附图 3.5 所示。选择"Waveform Editor File(.scf)"项后单击"OK"按钮,则出现如附图 3.16 所示的窗口。

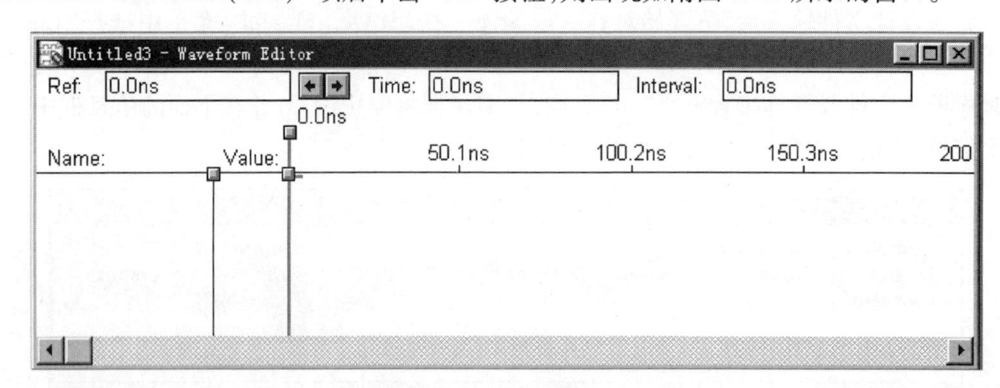

附图 3.16 波形编辑器窗口

(2) 在附图 3.16 波形编辑器窗口的 Name 下单击鼠标右键,出现浮动菜单,如附图 3.17所示。在附图 3.17 中选择"Enter Nodes from SNF"可打开如附图 3.18 所示的从 SNF 文件输入观测节点对话框。

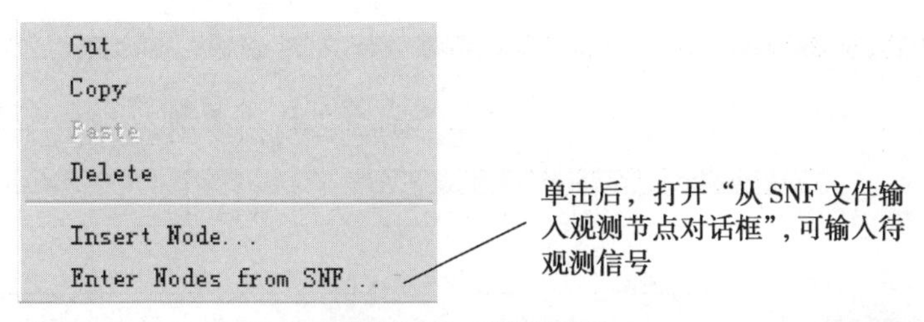

附图3.17　浮动菜单

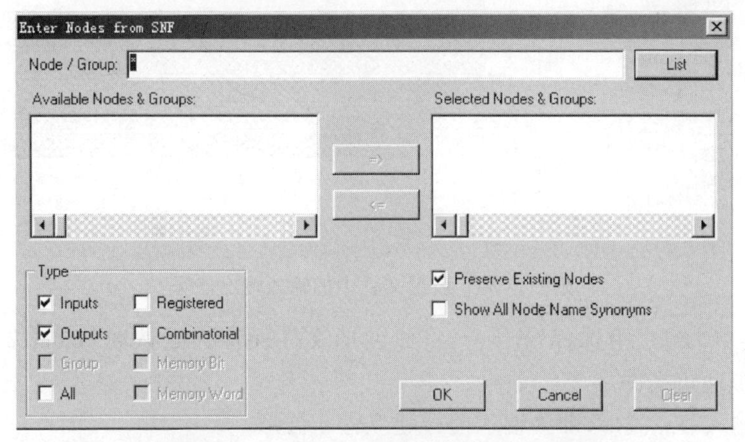

附图3.18　从SNF文件输入观测节点对话框

(3) 在附图3.18中的“Type”区选择“Inputs”和“Outputs”(默认情况下已选中)。单击“List”按钮,可在“Available Nodes&Groups”区看到设计中的输入/输出信号,如附图3.19所示,这些信号为蓝色高亮,表示被选中。单击按钮 => ,可将这些信号选择到“Selected Nodes&Groups”区,表示可对这些信号进行观测。

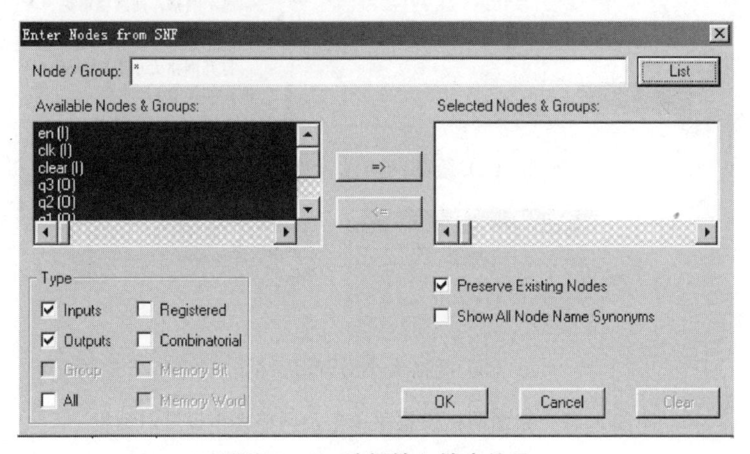

附图3.19　选择输入输出信号

(4) 单击“OK”按钮关闭附图3.19所示对话框,可见到附图3.16所示波形编辑器窗口变为附图3.20所示。

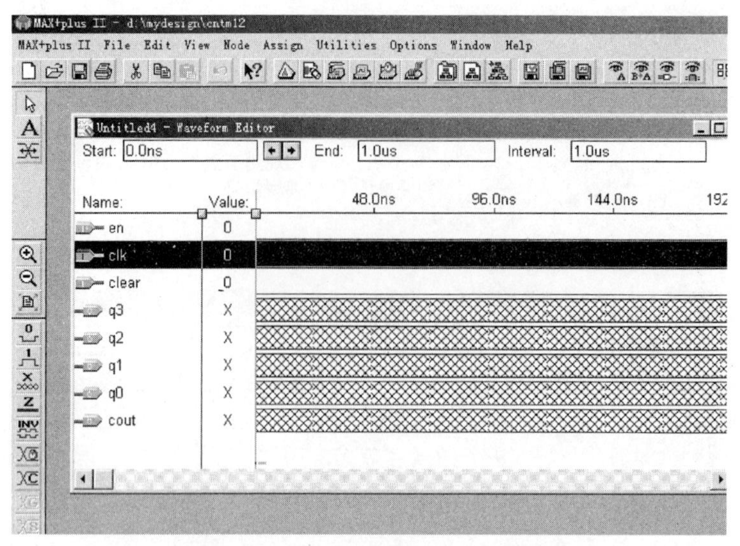

附图 3.20 波形文件中的输入输出信号

（5）从菜单“File”中选择“Save”，将此波形文件保存为默认名“cntm12. scf”，扩展名“scf”表示模拟通道文件。

2. 编辑输入节点波形，即为输入信号建立输入波形。

在波形文件中添加好输入/输出信号后，就可开始为输入信号建立输入波形。在建立输入波形之前，先浏览一下与此操作相关的菜单选项及工具条（附图 3.21、附图 3.22）。

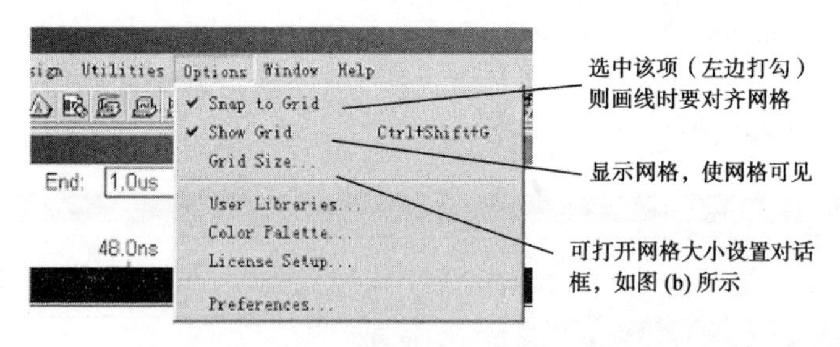

（a）绘图网格设置菜单条

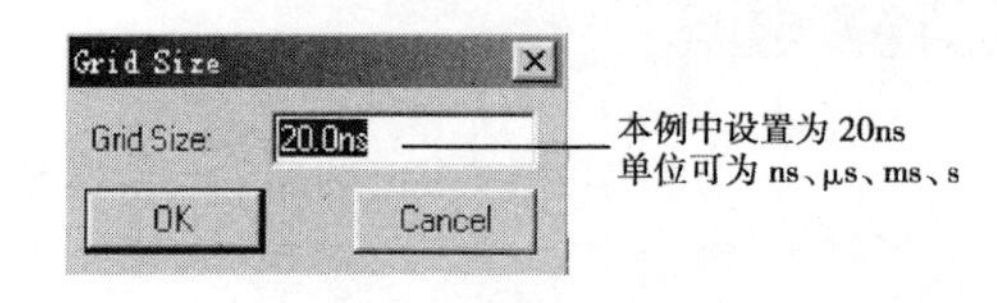

（b）网格大小设置对话框

附图 3.21 绘图网格设置菜单条及网格大小设置对话框

此外，在默认情况下，模拟时间为 1μs。可从菜单“File”下选择“End Time”来设置模拟时间的长短。

附图 3.22 为绘制波形图用的工具条。

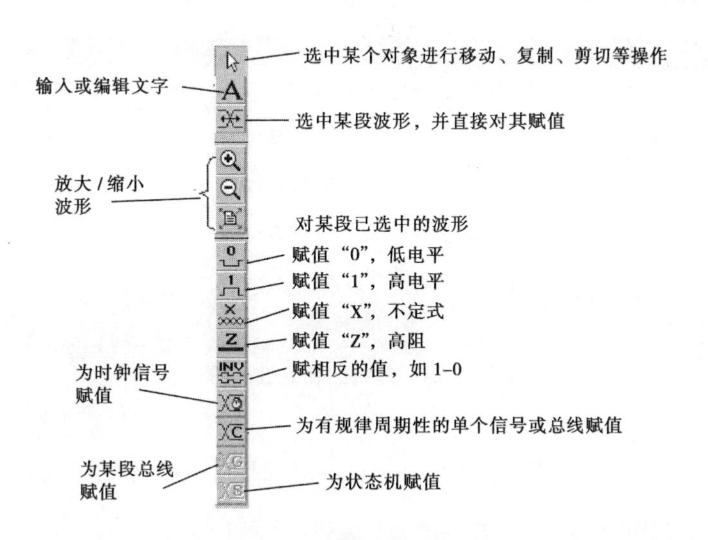

附图 3.22　波形图绘制工具条说明

例如，为信号“en”从头至尾，即从 0 ~ 1000ns 赋值“1”：

（1）选中信号“en”，即用鼠标左键单击“Name”区的“en”，可看到“en”信号全部变为黑色，表示被选中。

（2）用鼠标左键单击 ，即可将“en”赋“1”。

采用同样方法可将信号“clear”从 0 ~ 1000ns 赋值“1”，为观察其清零的作用，在 240 ~ 300ns 之间将其赋“0”（因为该信号低电平有效）：

（1）将鼠标移到“clear”信号的 240ns 处按下鼠标左键并向右拖动鼠标至 300ns 处，松开鼠标左键。可看到这段区域呈黑色，被选中。

（2）用鼠标左键单击工具条中的 即可。

为时钟信号“clk”赋周期为 40ns 的时钟信号：

（1）选中信号“clk”。

（2）用鼠标左键单击工具条中的 打开附图 3.23 所示对话框，设置信号周期。

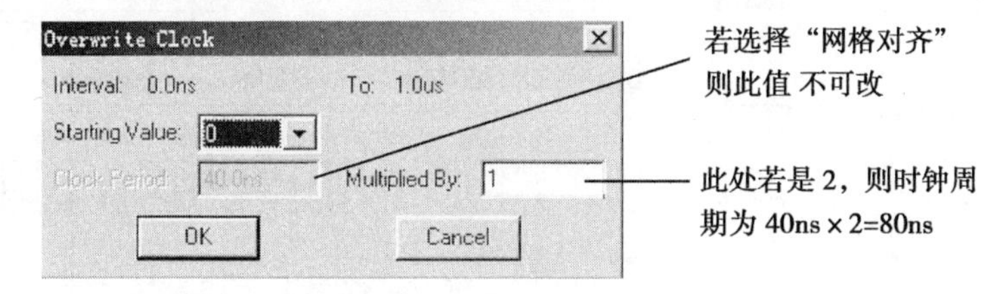

附图 3.23　时钟周期设置对话框

（3）单击“OK”按钮关闭此对话框即可生成所需时钟。

选择“File”中“Save”存盘，到此完成波形输入，可得附图 3.24。

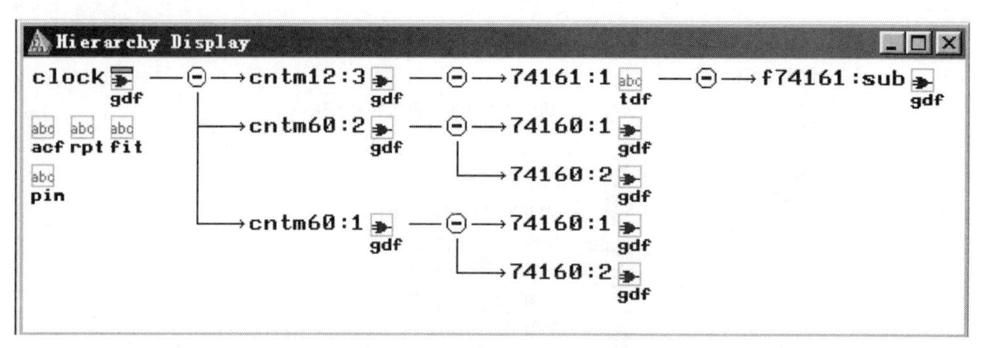

附图 3.24　建好的输入波形图

3. 运行模拟器,进行时序模拟。

(1) 从菜单"MAX + plus Ⅱ"中选择"Simulator",即可打开如附图 3.25 所示模拟器。

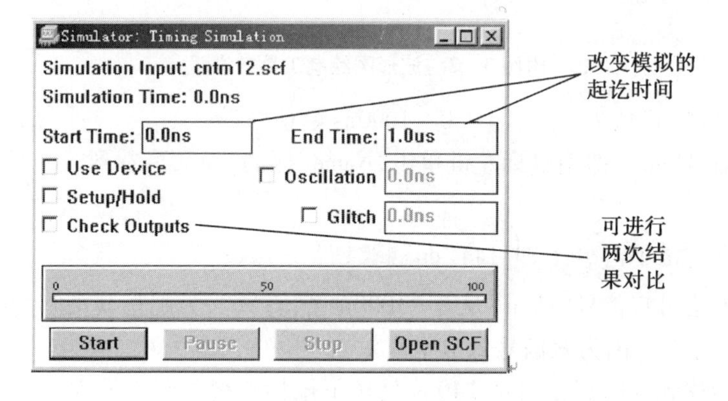

附图 3.25　模拟器

(2) 模拟完毕后,单击按钮"Open SCF"可打开刚才编辑的波形文件,就可开始对模拟结果进行检查。

模拟完成后波形模拟结果如附图 3.26 所示。

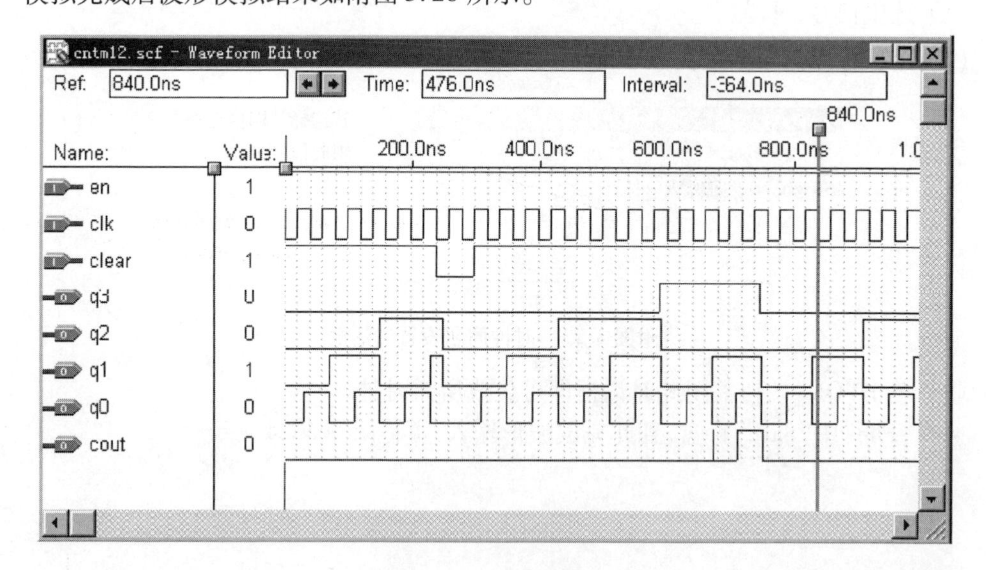

附图 3.26　模拟结果

为观测方便,可将计数输出 q3、q2、q1、q0 作为一个组来观测。步骤如下:

(1) 将鼠标移到“Name”区的 q3 上,按下鼠标左键并往下拖动鼠标至 q0 处,松开鼠标左键,可选中信号 q3、q2、q0。

(2) 在选中区(黑色)上单击鼠标右键,打开一个浮动菜单,选择“Enter Group”项,出现附图 3.27 所示的对话框。

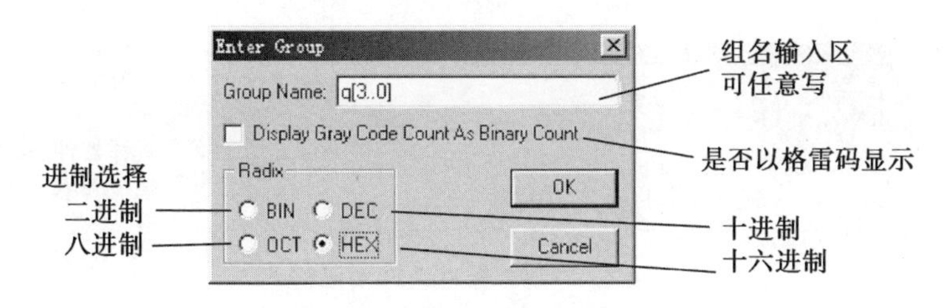

附图 3.27　设置组的对话框

(3) 单击“OK”按钮关闭此对话框,可得波形图文件如附图 3.28 所示。

在模拟通过后就可进行编辑/下载到目标器件中。但因为刚才在编译时,是由编译器自动为设计选择目标器件并进行管脚锁定,为使设计符合用户要求,将说明如何由用户进行目标器件选择和管脚锁定。

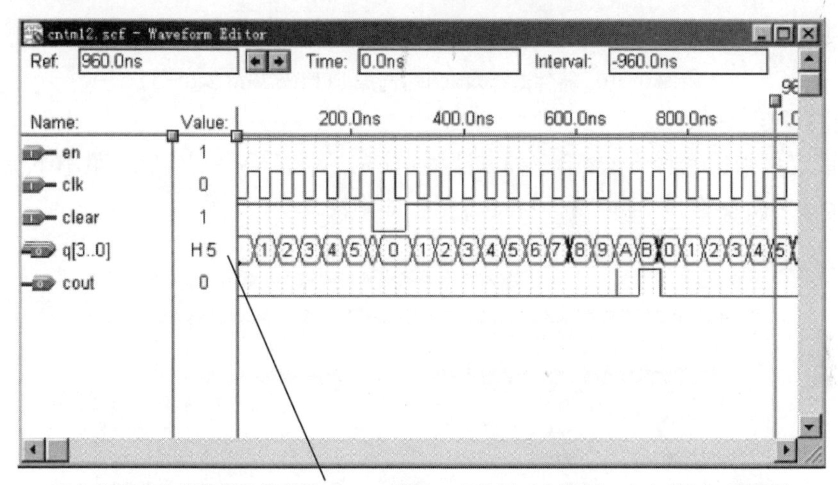

附图 3.28　模拟结果(以组方式显示)

四、目标器件选择与管脚锁定

1. 选择器件。

本例中使用的目标器件为 FLEX10KA 系列中的 EPF10K30AC240 - 3,器件选择方法如下:

(1) 从菜单“Assign”下选择“Device”项,可打开如附图 3.29 所示的器件选择对话框。

(2) 单击“Device Family”区的下拉按钮,可进行器件系列选择,选择“FLEX10KA”。

(3) 在具体器件型号列表区双击“EPF10K30AC240 - 3”,可看到如附图 3.30 所示对话框。

(4) 单击"OK"按钮,关闭对话框即完成器件选择,下面可开始管脚锁定。

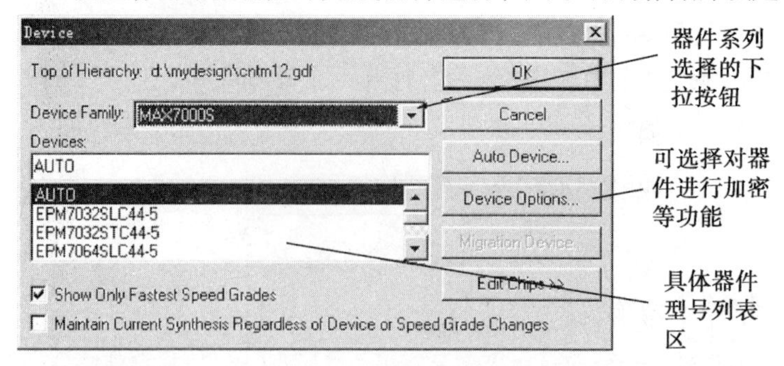

附图 3.29　器件选择对话框

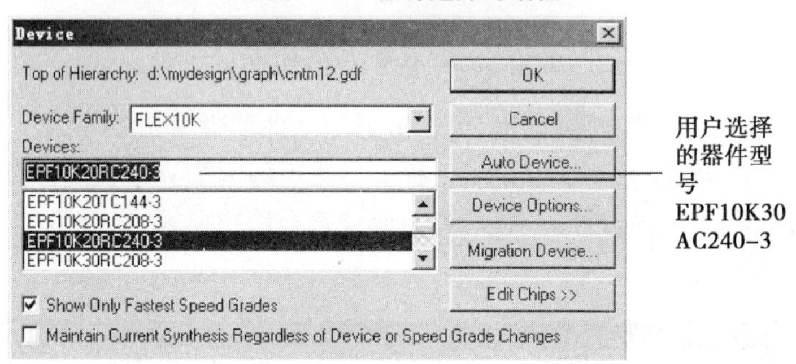

附图 3.30　器件选择对话框(选择 EPF10K30AC240-3)

2. 管脚锁定。

管脚锁定可采用两种方法,第一种方法为:首先,从"MAX + plus Ⅱ"菜单下选择"Floorplan Editor",平面布置图编辑器窗口将被打开,如附图 3.31 所示。

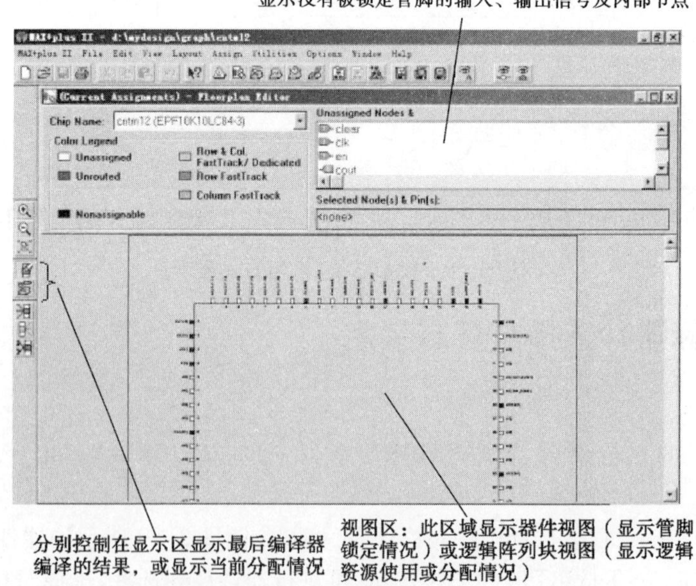

附图 3.31　平面布置图编辑器窗口

注意,用户所打开的窗口可能与此不同,通过在菜单"Layout"中选中"Device View",可使视图区显示器件视图(显示管脚锁定情况);单击工具条中的空白处,可显示当前的管脚分配/逻辑分配情况。这样可得到与附图 3.31 一样的窗口。

为将 clk 信号锁定在 EPF10K30AQC240 的 1 号脚上,可先将鼠标移到节点显示区的"clk"左边的灰色区域上,按下鼠标左键,可看到鼠标显示符下有一个灰色的矩形框。此时,继续按着鼠标左键,拖动鼠标至视图区中 211 中管脚的空白矩形处,见附图 3.32(a),松开左键即可完成信号 clk 的人工管脚锁定,如附图 3.22(b)所示。

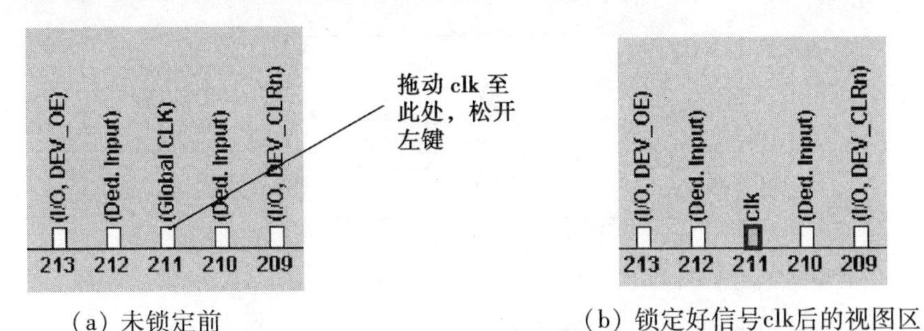

(a) 未锁定前　　(b) 锁定好信号clk后的视图区

附图 3.32　管脚锁定

按上述方法分别将其他信号按附表 3.1 锁定管脚。

附表 3.1　管脚锁定对照表

信号名	管脚号	对应器件名称(DXT-C 型实验平台)
clk	211	时钟信号
clear	64	数据开关 K1
en	65	数据开关 K2
q0	203	输出发光二极管 L1
q1	204	输出发光二极管 L2
q2	206	输出发光二极管 L3
q3	207	输出发光二极管 L4
cout	208	输出发光二极管 L

完成上述管脚锁定后,重新编译使之生效,此时回到原来的设计文件"cntm12. gdf"上,输入输出信号旁都标有其对应的管脚号,如附图 3.33 所示。

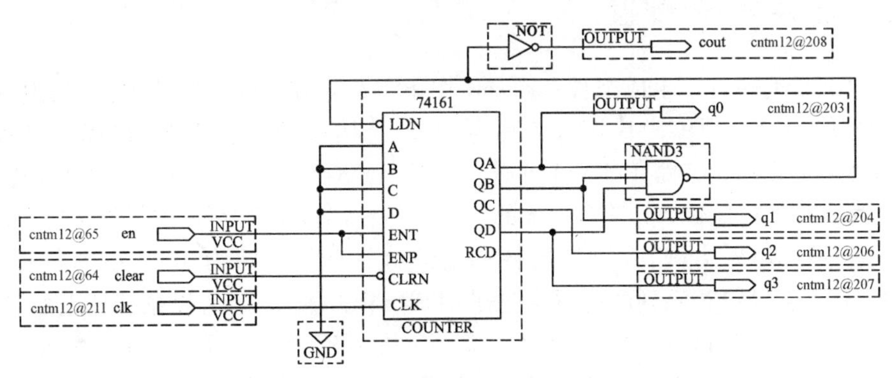

附图 3.33　锁定管脚编译后的设计文件

重新编译好后,再重新进行项目校验(时序仿真),若正确,可进行下一步:器件编程/配置。

第二种方法为:从菜单"Assign"下选择"Pin/Iocation/chip",打开附图 3.34 所示对话框。

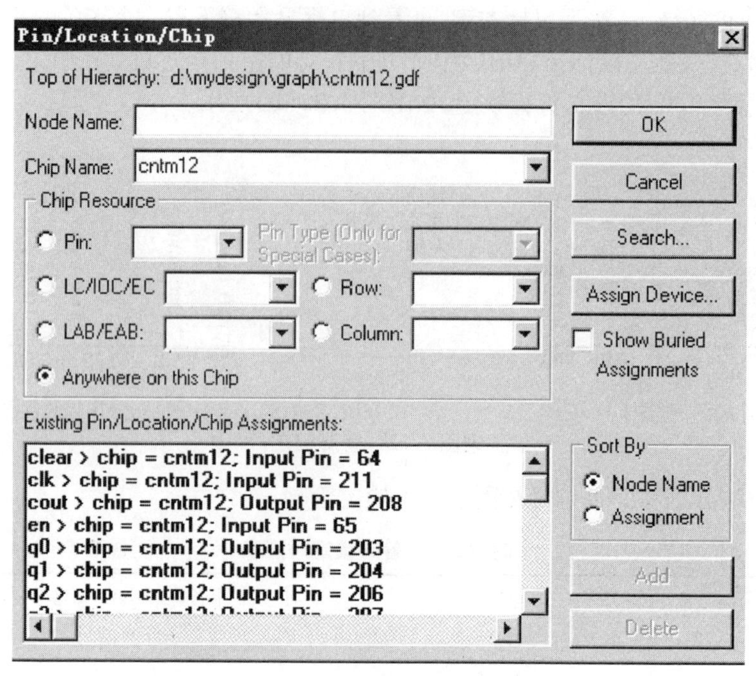

附图 3.34　管脚锁定对话框

(1) 在"node name"区填上信号名,如"clk"。

(2) 在"pin"区填上管脚号,如"211"。

(3) 在"pin type"区选择信号输入/输出类型,对于信号"clk"选择"input"类型。

(4) 此时,按钮"Add"变亮,单击之,可将信号"clk"锁定在 211 号管脚上。

(5) 重复上述步骤,可将所有信号锁定好。

如果想删除或改变一个锁定,可在"Existing Pin/location/Chip Assignments"区选中需要删除或改变锁定的信号,利用"Delete"和"Change"按钮可对该信号的锁定进行删除或更改。

五、器件编程/配置

在通过项目编译后可生成文件"*.sof"用于下载。在 Altera 器件中,一类为 MAX 系列,另一类为 FLEX 系列。其中 MAX 系列为 CPLD 结构,编程信息以 E^2PROM 方式保存,故对这类器件的下载称为编程;FLEX 系列有些类似于 FPGA,其逻辑块 LE 及内部互连信息都是通过芯片内部的存储器单元阵列完成的,这些存储器单元阵列可由配置程序装入,存储器单元阵列采用 SRAM 方式,对这类器件的下载称为配置。因为 MAX 系列编程信息以 E^2PROM方式保存,FLEX 系列的配置信息采用 SRAM 方式保存,所以系统掉电后,MAX 系列编程信息不丢失,而 FLEX 系列的配置信息会丢失,需每次系统上电后重新配置。

本例中使用的是 EPF10K30AQC240,为 FLEX 系列。对其进行配置如下:

（1）将下载电缆一端插入LPT1（并行口，打印机口），另一端插入系统板，打开系统板电源。

（2）从“MAX + plus Ⅱ”菜单下选择“Programmer”，可打开如附图3.35所示对话框。

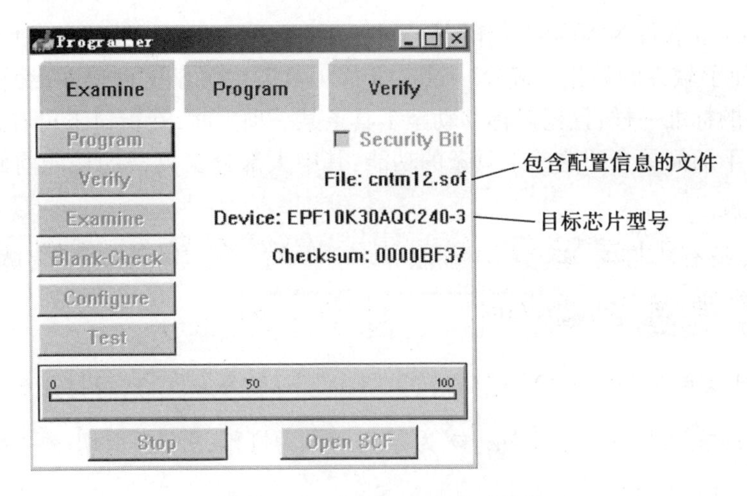

附图3.35　“Programmer”对话框

（3）单击按钮“Configure”即可完成配置。

若第一次运行上述对话框，所有按钮皆为灰色，可从“Options”菜单下选择“Hardware setup”对话框，如附图3.36所示。

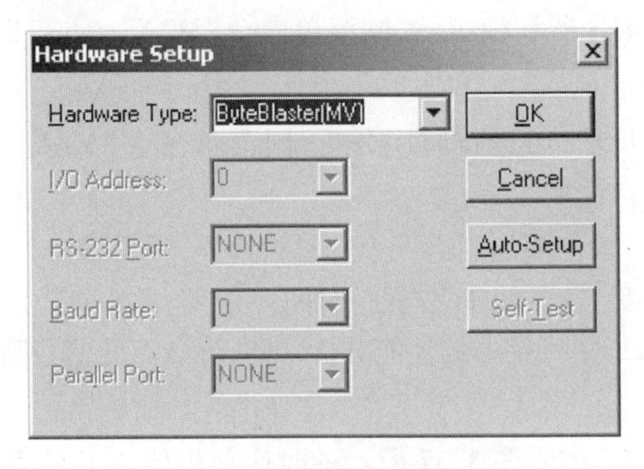

附图3.36　下载时硬件设置对话框

在“Hardware Type”下拉框中选择“ByteBlaster”，在“Parallel Port”下拉框中选择“LPT1”，单击“OK”按钮即可。

在Windows 2000的环境下，如果不能下载，还要安装ByteBlaster MV的下载电缆驱动程序。

到目前为止，已完成一个完整设计。作为练习，可使用74160或74161设计一个模为9的计数器，锁定管脚到数码管M1上显示。然后，用两片74160设计一个模为60的8421BCD码计数器。

附 3.4 工具条和常用菜单选项说明

MAX + plus Ⅱ软件为不同的操作阶段提供了不同的工具条,它指明用户当前可以完成的操作,这方便了软件的使用。MAX + plus Ⅱ的工具条中关于文件操作、编辑等的工具条与 Windows 下的标准一样,且把鼠标移动至工具条某一项上时,在窗口下可看到该工具按钮的功能提示。下面简单介绍这些工具条的功能,其中大部分工具条的功能前面已经从菜单角度提到过。

常用工具条有

和 Arial 8 ,其中:

等同于菜单命令“File\New”(即菜单“File”下的“New”项),可打开新建设计输入文件类型对话框;为打开一个文件;为存盘;为打印;为剪切;为复制;为粘贴;为取消上次操作。

为帮助选择,鼠标单击后,处于帮助选择状态。此时,用鼠标左键单击某一对象,可获得此对象的帮助主题。例如,单击 74161 的符号,可获得关于 74161 的帮助——74161 的功能表。

分别打开编译器和模拟器,同菜单命令“MAX + plus Ⅱ/Compiler”和“MAX + plus Ⅱ/Simulator”。

为打开时序分析器,可进行时序分析,同菜单命令“MAX + plus Ⅱ/Timing Analyzer”。时序分析器可进行如下 3 个方面的分析:

Delay Matrix: 输入/输出间的延迟;

Setup/Hold Matrix: 触发器的建立/保持时间;

Registered performance: 寄存器的性能分析,可获得最坏的信号路径、系统工作频率等信息。

在单击后,可打开如附图 3.37 所示的时序分析器。可在菜单“Analysis”下切换上述三个方面的分析,也可通过工具条切换,在时序分析器上单击“Start”按钮即可进行 Delay Matrix 分析。对于本书的设计(选用器件 EPF10K30AQC240 - 3),从 clk 上升沿到 q0 的延时为 12.6ns(若选用器件 EPF10K30AQC240 - 1,则该值为 8.0ns)。

若在附图 3.37 中菜单“Analysis”下选择“Registered performance”,或单击工具条最右边的按钮,可进行寄存器的性能分析。单击“Start”按钮开始进行分析,可得附图 3.38。

为打开平面布置图编辑器窗口,同菜单命令“MAX + plus Ⅱ/Floorplan Editor”,即“MAX + plus Ⅱ”菜单下的“Floorplan Editor”。

为打开编程/下载窗口,同“MAX + plus Ⅱ”菜单下的“Programmer”。

分别为：

指定项目名，即打开一个项目，同“File/Project/Name”；

将当前文件指定为项目，同“File/Project/Set project to Current File”；

打开项目的顶层文件，同“File/Hierarchy Project Top”。

前面提到过，编译器是对项目进行编译，因此，若先建设计文件，必须要将此文件指定为项目才能对其进行编译。因为需要项目进行设计层次、编译信息等的管理。

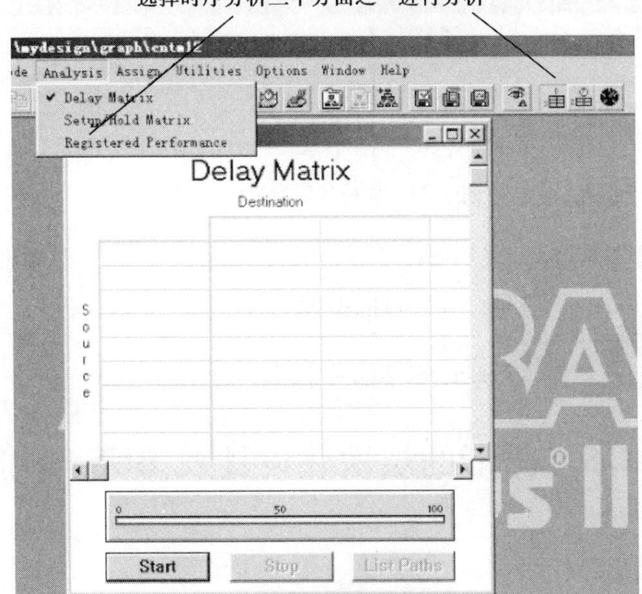

附图 3.37　时序分析器

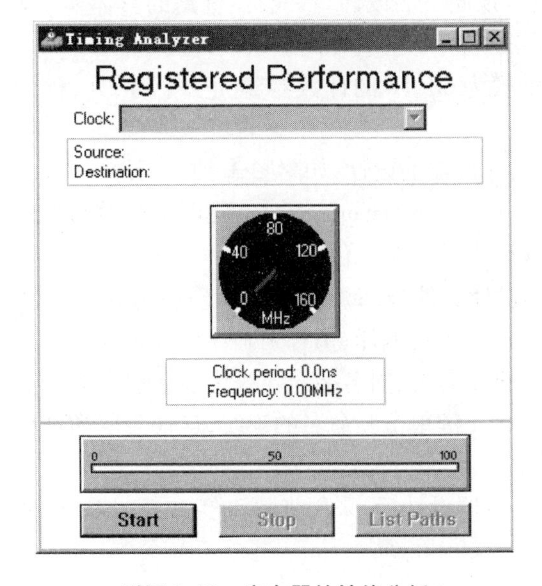

附图 3.38　寄存器的性能分析

分别为：

保存所有打开的文件，并对当前项目进行语法检查，同“File/Project/Save & check”；

保存所有打开的文件，并对当前项目进行编译，同“File/Project/Save & compile”；

保存打开的模拟器输入文件，并对当前项目进行模拟，同“File/Project/Save & simulate”。

为打开层次管理窗口，打开后可看到当前项目的层次关系，如附图3.39所示。

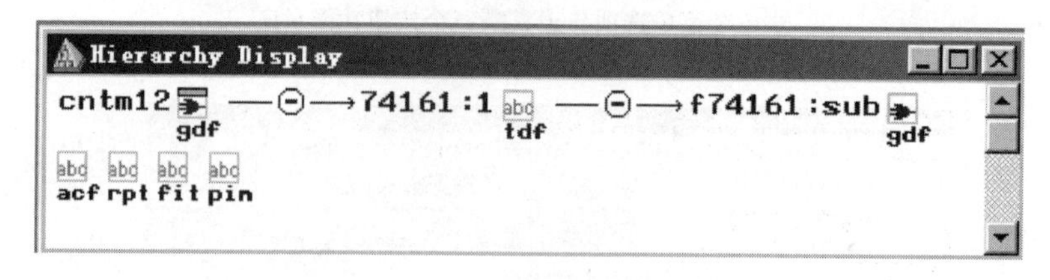

附图3.39　项目的层次显示窗口

分别对应菜单“Utilities”下的子菜单项，可进行字符搜索、替换及当前文件/当前项目中节点(node)、符号(Symbol)的搜索等。

用于改变字体及字号。

附3.5　图形的层次化设计及BUS使用

一、层次化设计

数字系统设计的一般方法是采用自顶向下的层次化设计。在MAX+plus Ⅱ中，可利用层次化设计方法来实现自顶向下的设计。一般在电路的具体实现时先组建低层设计，然后进行顶层设计。下面以图形输入为例，介绍层次设计的过程。

题目：以前面设计的模为60、12的计数器建立一个时、分、秒的时钟(小时项不是BCD码)。

1. 先完成模为12的计数器的设计，如附图3.13所示。

2. 执行菜单“File”下“Create Default Symbol”，可生成符号“cntm12”，即将自己设计的模为12的计数器编译成库中的一个元件。

3. 建立另一个图形设计文件“cntm60.gdf”，实现模为60的计数器，如附图3.40所示。可先将此文件设为项目，对其进行编译、仿真来确保设计正确。

附图3.40中已为连线命名，相同名字的导线代表它们在电气上是相连的，如“rco”。为了给导线命名，可先用鼠标左键单击要命名的连线，连线会变为红色，并有闪烁的黑点，此时键入文字即可为连线命名。

4. 完成模为60的计数器设计后，采用步骤2，生成符号“cntm60”。

5. 建立顶层设计文件“clock.gdf”。

(1) 建立一个新的图形文件，保存为“clock.gdf”。

(2) 将其指定为项目文件(菜单"File"下"Project/Set project to Current File"项)。

(3) 在"clock. gdf"的空白处(图形编辑区)双击鼠标左键可打开"Enter symbol"对话框来选择需要输入的元件,在元件列表区可看到刚才生成的两个元件 cntm12 和 cntm60,如附图 3.41 所示。

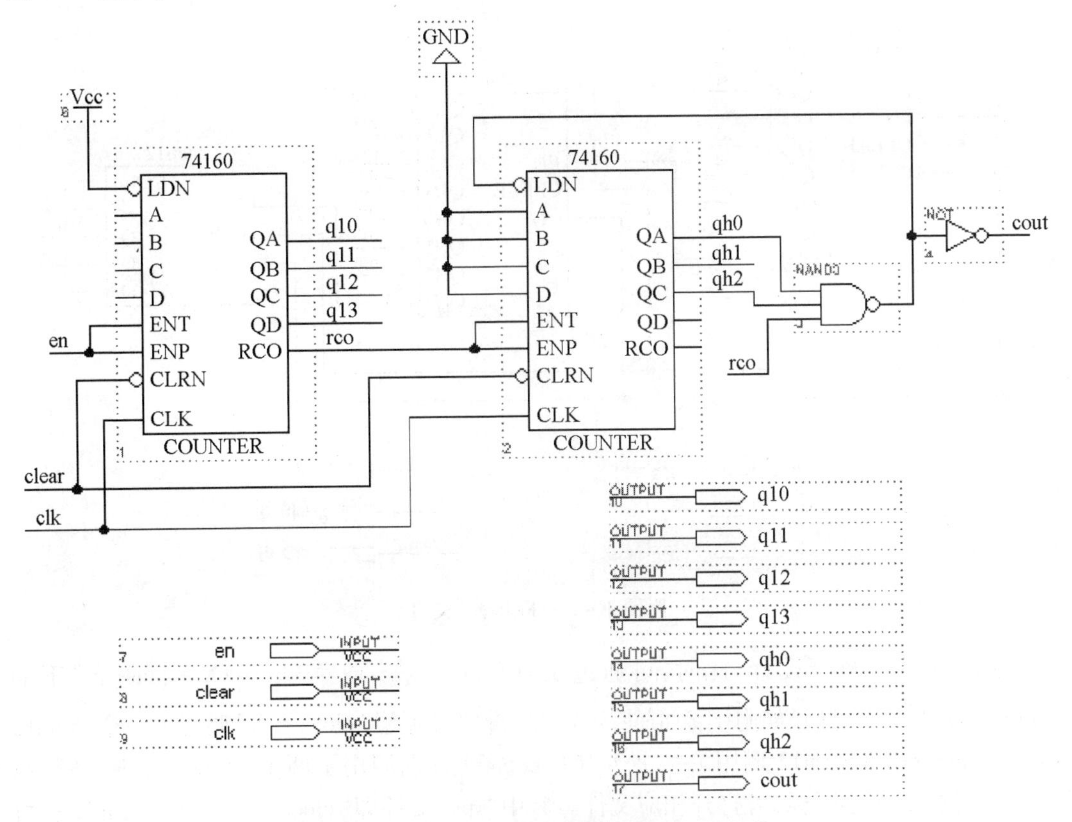

附图 3.40　模为 60 的计数器的图形设计文件

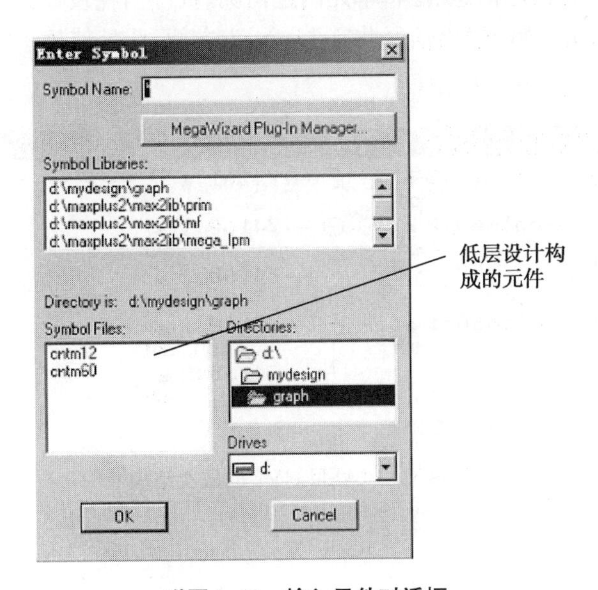

附图 3.41　输入元件对话框

（4）调入 cntm12 一次、cntm60 两次，经适当连接构成顶层设计文件，如附图 3.42 所示。在附图 3.42 中，双击元件 cntm60，可打开低层设计文件“cntm60. gdf”。

6. 对顶层设计文件“cntm60. gdf”构成的项目“clock”进行编译、仿真，最后配置完成此设计。

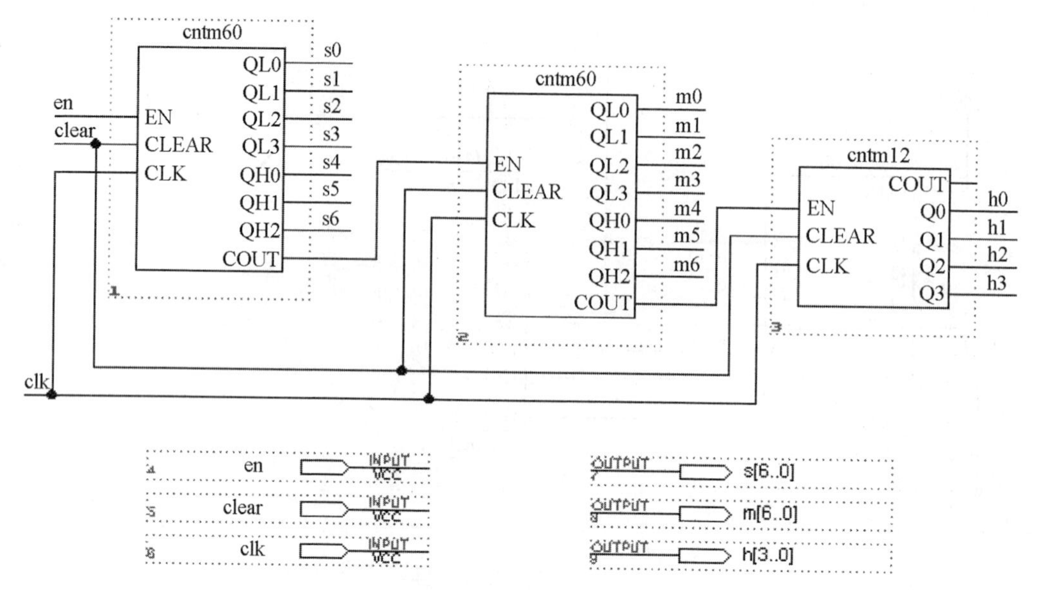

附图 3.42　clock. gdf 文件

现在，完成了整个设计，此时，可通过工具条中的 或菜单“MAX + plus Ⅱ”下的“Hierarchy Display”打开如附图 3.43 所示窗口，看到最顶层“clock. gdf”调用了一个 cntm12 和两个 cntm60，而 cntm12 调用了一个 74161、cntm60 分别调用了两个 74160。在附图 3.43 中，双击任何一个小图标，可打开相应文件。其中“rpt”文件即“clock. rpt”文件，从此文件可获得关于设计的管脚的锁定信息、逻辑单元内连情况、资源消耗及设计方程等其他信息。

在附图 3.42 中，分、秒的输出信号共有 14 个，为方便，此处使用了“BUS”，如用s[6..0]代替 7 个输出。

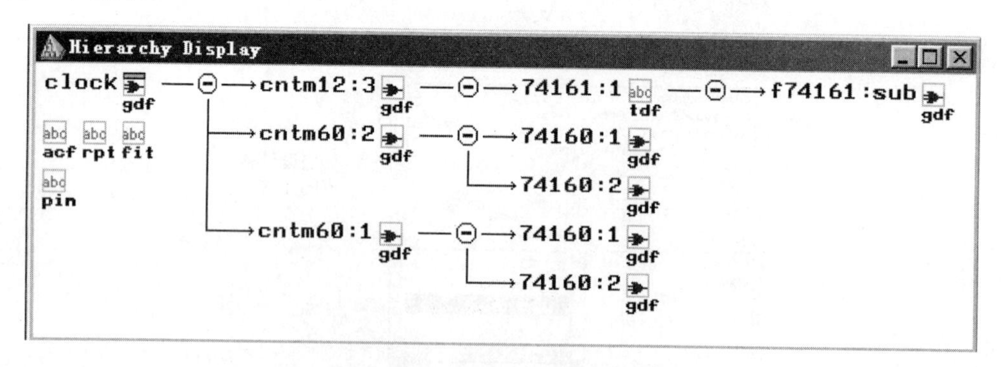

附图 3.43　项目 clock 的层次结构

二、BUS使用

此处 BUS 是个泛指，它由多个信号线组成。在此主要说明采用 BUS 可使设计清楚易读，并且可减轻设计中重复连线的负担，此外，利用 BUS 可方便地在波形窗口中观测仿真结果。

现在回到低层文件“cntm60. gdf”，将输出符号进行替换，如附图 3.44 所示。

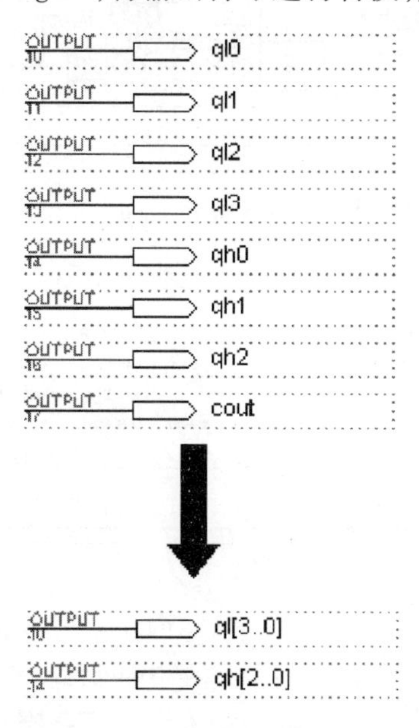

附图 3.44　将输出符号进行替换

然后重新将“cntm60”生成符号，替换掉原来的符号。回到顶层设计文件“clock. gdf”中，执行菜单命令“Symbol/Update Symbol”，出现如附图 3.45 所示对话框。

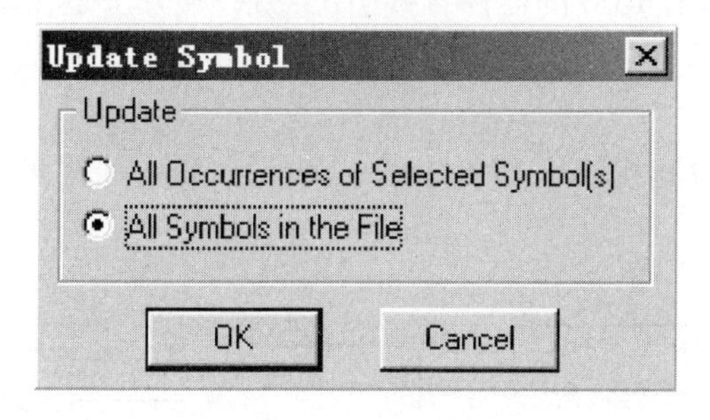

附图 3.45　更新符号窗口

选择第二项，更新所有符号。“clock. gdf”文件如附图 3.46 所示。整理连线并重命名，得附图 3.47。

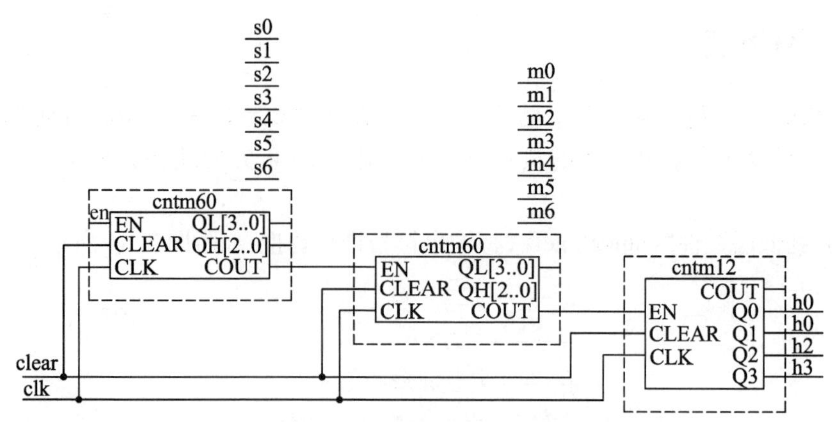

附图 3.46 更新后的 clock. gdf 电路图

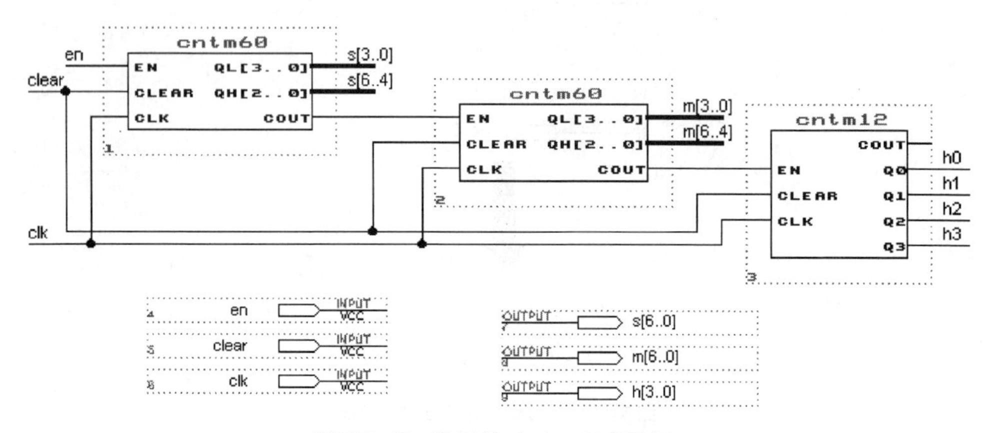

附图 3.47 最后的 clock. gdf 电路图

附图 3.47 中粗线所示即为 BUS，名称为 s[3..0]，代表由 s3、s2、s1、s0 共四根线粗成。画 BUS，一种方法是从含有 BUS 的器件直接引出；另一种方法是在单线上单击鼠标右键，在 Line Style 中选择粗线，即可生成 BUS，然后可用鼠标左键单击此线，此时线变为红色，输入文字即可为此 BUS 命名。

对 BUS 命名时，可以直接使用 BUS 中任一个信号，也可使用多个单信号名组合而成，如附图 3.48 所示。

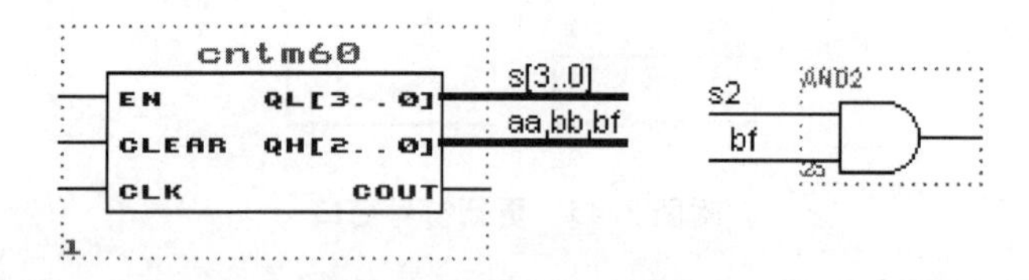

附图 3.48 BUS 信号的命名

在附图 3.48 中，aa 对应 qh 中最高位；bb 对应中间一位；bf 对应最低位。

附 3.6 语言描述输入法

采用 HDL 设计，可提高开发速度，使设计易读。MAX + plus Ⅱ 支持 AHDL（the Altera

Hardware Description Language)、VHDL、Verilog HDL 等语言输入。其设计过程与图形方法基本相同,只是在开始时是建立文本文件,而不是图形文件。

例如:使用 VHDL 设计模为 60 的 8421BCD 计数器。

在 File 菜单下选择“New”,出现如附图 3.5 所示的对话框后,选择“Text Editor file”。

输入如下文本:

```
 --A  asynchronous reset;enable up;8421BCD counter
 --module =60;
Library ieee;
use ieee.std_logic_1164.all;
use ieee.std_logic_unsigned.all;
ENTITY cntm60v IS
    PORT
    (en: IN   std_logic;
     clear: IN   std_logic;
     clk: IN   std_logic;
     cout: out   std_logic;
     qh: buffer   std_logic_vector(3 downto 0);
     ql: buffer   std_logic_vector(3 downto 0);
    );
END cntm60v;
ARCHITECTURE behave OF cntm60v IS
BEGIN
 Cout <= '1' when (qh = "0101" and ql = "1001" and en = '1')else '0';
    PROCESS (clk,clear)
        BEGIN
             IF(clear = '0') THEN
                     qh <= "0000";
                     ql <= "0000";
                 ELSIF(clk'EVENT AND clk = '1') THEN
                     if(en = '1') then
                        if(ql =9)   then
                              ql <= "0000";
                           if(qh =5) then
                              qh <= "0000";
                             else
                              qh <= qh +1;
                          end if;
                        else
                        ql <= qh +1;
```

```
                end if;
              end if;     --end if(en)
        END IF; --end if clear
    END PROCESS;
END behave;
```

将以上程序保存为 cntm60v. vhd。注意保存时选择文件后缀为“vhd”且文件名必须与实体名相同。

将此文件设为当前项目(File/Project/Set Project to Curreent File),其他过程如编译、仿真、管脚锁定和下载与附 3.3 节的图形输入过程一样。

对于 Verilog HDL,过程同 VHDL,仅在存盘时其后缀名为“v”。

附 3.7　混合设计输入

由 HDL 设计的电路也可生成一个元件,然后在图形中调用,即可实现混合设计。如将刚才顶层设计文件“clock. gdf”中由图形实现的 cntm60 元件符号换为由 VHDL 实现的 cntm60v 元件符号,即完成 VHDL 与图形的混合设计。这时顶层文件如附图 3.49 所示。

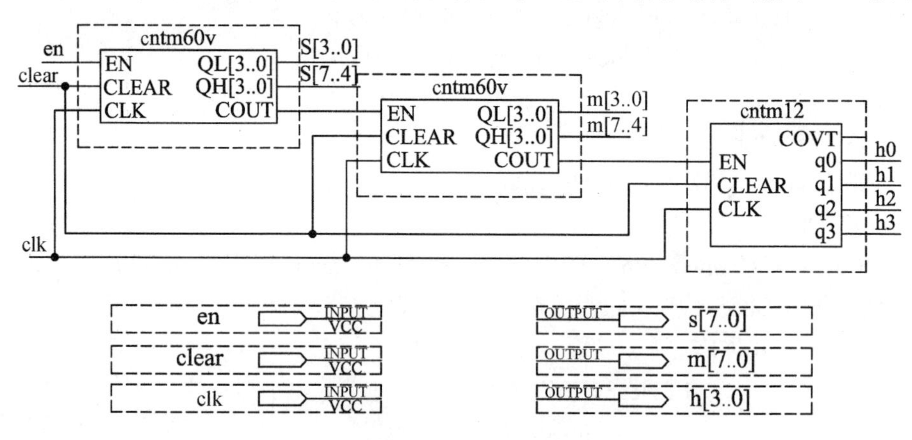

附图 3.49　混合设计

此时,通过工具条中或菜单“MAX + plus Ⅱ”下的“Hierarchy Display”,可看到此时的层次结构中有两个 VHDL 构成的低层,整个层次结构复杂多了。

附 3.8　LPM 使用及 FLEX10K 中的 RAM 使用

一、LPM(可调参数元件)使用

MAX + plus Ⅱ中为增加元件库的灵活性,为一些常用功能模块提供了参数化元件,这些元件的规模及具体功能可由用户直接指定,如同可编程元件。这类元件的使用同其他元件类似,仅要求用户按自己需要设置一些具体参数。

此处以使用可调参数元件 lpm_counter 直接构成一个模为 12、具有异步清零和计数使

能功能的计数器为例讲述参数化元件的使用。

1. 调入参数化元件 lpm_counter。

首先建立一个图形输入文件“cntm12l. gdf”，在图形编辑器中，双击空白处，打开元件输入对话框，如附图 3.50 所示，在可变参数库 mega_lpm 中选择符号 lpm_counter，可调参数元件 lpm_counter 是一个二进制计数器，可以实现加、减或加/减计数，可以选择同步或异步清零/置数功能。这里用它实现模为 12、具有异步清零和计数使能功能的计数器。

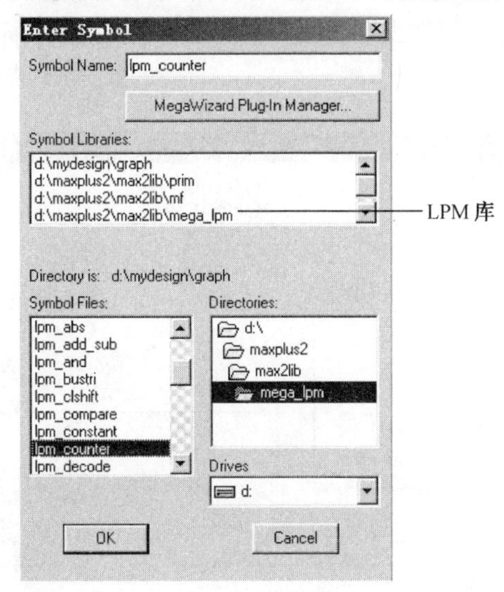

附图 3.50　输入 LPM 元件(符号)选择对话框

2. 按需要设置 lpm_counter 的具体参数。

在附图 3.50 中单击“OK”按钮后，出现如附图 3.51 所示用于具体参数设置的对话框，在这里，仅需计数器具有异步清零和计数使能功能，因此在“Ports”区，选择使用“aclr、cnt_en、clock、q[LPM_WIDTH - 1..0]”，其他信号选择不用，即“Unused”。为实现这一步，只要在“Ports”区的“Name”下点中某信号，然后在“Port Status”区选择“Used”或“Unused”即可。

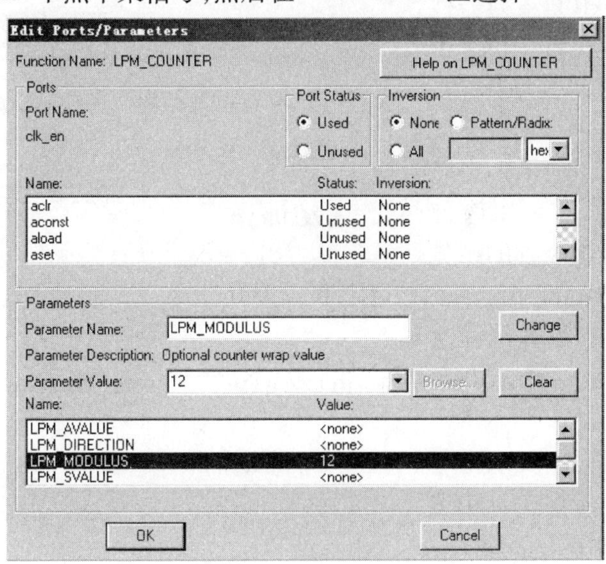

图 3.51　输入 LPM 元件(符号)具体参数对话框

在"Parameters"区的"Name"下面选中一具体参数,如"LPM_MODULUS",其代表计数器的模值,这时"LPM_MODULUS"会出现在"Parameters Name"旁的编辑行中,然后在"Parameters Value"旁的编辑区添上"12",单击按钮"Change"即可完成此参数设置。按同样步骤,将"LPM_WIDTH"设为4,代表4位计数器。

注意,单击"Help on LPM_COUNTER"按钮可获得所有关于lpm_counter的信息,即每个参数含义、取值等。

设置好后单击"OK"按钮确定,这时在图形编辑区出现刚才所定制的计数器符号,如附图3.52所示。

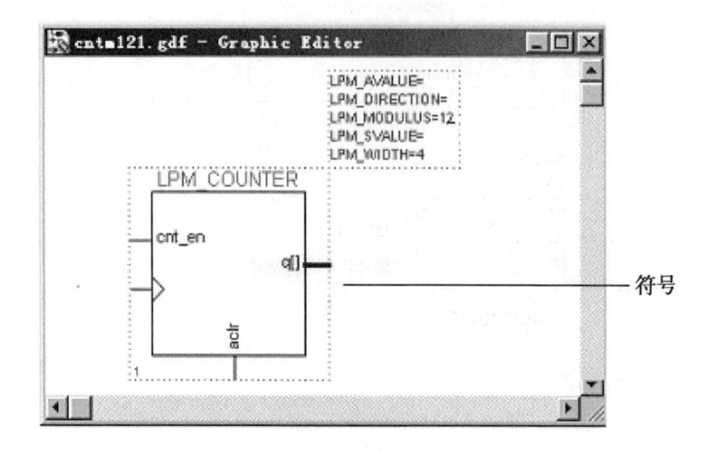

附图3.52 指定具体参数后的LMP_COUNTER

3. 加上具体输入输出管脚、器件选择、管脚锁定、仿真、配置,最后完成该设计。注意,附图3.52中"q[ ]"的宽度为4,因此输出信号宽度也要为4,如qcnt[3..0]、qout[3..0]等。

二、Flex10k中RAM的使用

在Altera的Flex10k系列器件中,含有内部RAM。在Flex10kA中共有三块RAM,每块大小为2K位,可构成2048×1、1024×2、512×4、256×8四种类型RAM/ROM中任意一种。此处演示一下其内部RAM的使用。使用LPM_ROM元件,利用内部一块RAM构成一个$2^8\times8$的ROM用于存放九九乘法表,利用查表方法完成一位BCD码乘法器功能。

首先在图形编辑器中,双击空白处,在可变参数库mega_lpm中选择符号lpm_rom,如附图3.53所示。

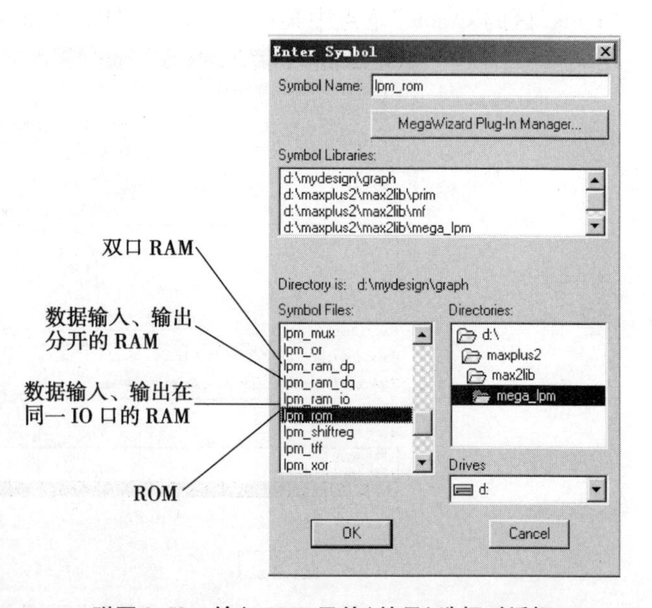

附图3.53 输入LMP元件(符号)选择对话框

单击"OK"按钮确定后,出现用

于具体参数设置的对话框如附图 3.54 所示。

具体设置如下：

Used　　address[LPM_WIDTHAD - 1..0]；　q[LPM_WIDTH - 1..0]

Unused　　其他

参数值：

LPM_ADDRESS_CONTROL	UNREGISTERED
LPM_FILE	MULTI4. MIF
LPM_NUMWORDS	256　存储单元数
LPM_WIDTH	8　数据线宽度
LPM_WIDTHAD	8　地址线宽度

其中"LPM_FILE"的值"multi4. mif"是一个文件，它保存了九九乘法表，用于初始化 ROM，此处采用 mif 格式，输入此数据文件名 LPM_FILE = "multi4. mif"，注意不要漏掉双引号。

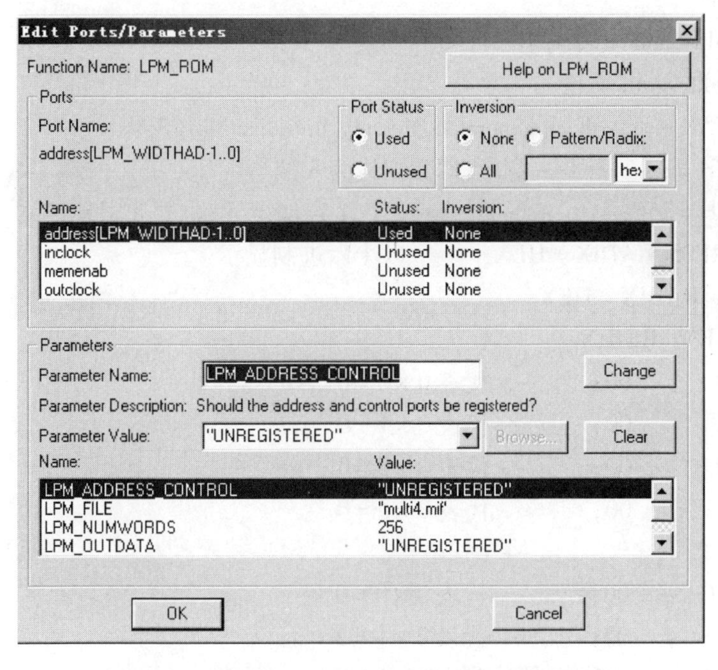

附图 3.54　设置 LMP 元件（符号）具体参数对话框

完成设置后，单击"OK"按钮，加上输入输出引脚，如附图 3.55 所示。然后即可编译、仿真等。

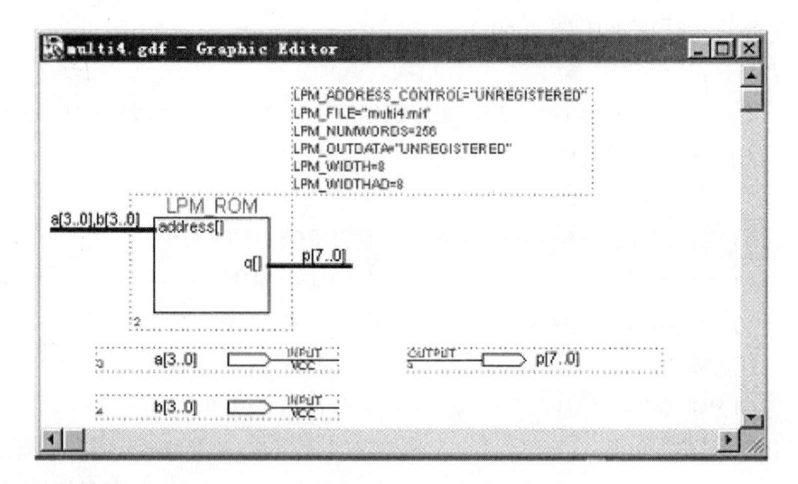

附图 3.55　multi. gdf

以下为 multi4. mif 文件内容：

```
--multi4. mif 文件
--MAX+plus Ⅱ —generated Memory Initialization File
WIDTH=8;          --宽度,即数据线为 8 位
DEPTH=256;        --深度,即有 256 个存储单元,也即 8 根地址线
ADDRESS_RADIX=HEX;    --以十六进制显示
DATA_RADIX=HEX;
CONTENT BEGIN
    0  :  00;     --代表 0×0=0
    1  :  00;     --代表 0×1=0
    2  :  00;     --代表 0×2=0
    3  :  00;     --代表 0×3=0
......            --(省略)
    20  :  00;    --代表 2×0=0
    21  :  02;    --代表 2×1=2
    22  :  04;    --代表 2×2=4
    23  :  06;    --代表 2×3=6
    24  :  08;
    25  :  10;
    26  :  12;
......
    94  :  36;
    95  :  45;
    96  :  54;
    97  :  63;
    98  :  72;    --代表 9×8=72
```

```
        99  :   81;
......
        ff  :   00;       --对于 BCD 码:A、B、C、D、E、F 都是无关项
    END;
```

multi4. mif 文件可用文本编辑器建立,也可在初始化菜单中建立。在对 multi4 编译后,打开“Simulator”窗口,选择“Initialize/Initial Memory”,出现如附图 3.56 所示的窗口。

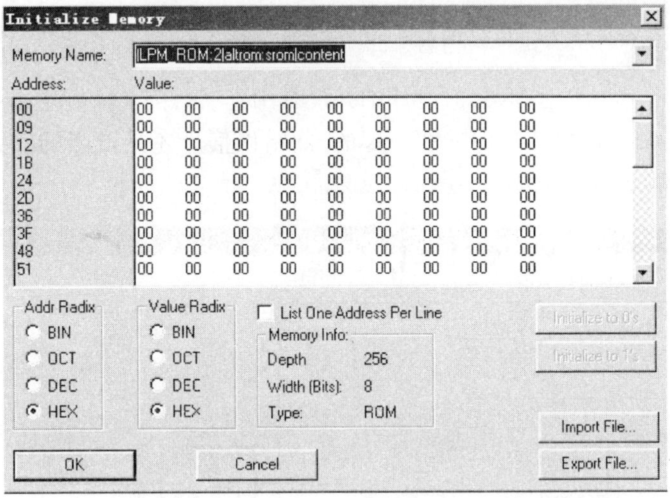

附图 3.56　ROM 初始化窗口

在 Value 区输入对应存储单元的值即可模拟。为以后使用此值方便,也可选用 Export File 将其保存为 multi4. mif,建立初始化文件 multi4. mif。

附 3.9　常见错误及处理方法

对于编译遇到的大多数错误,MAX + plus Ⅱ不仅能给出错误提示,还可以将错误定位。下面以常见但不易定位或排除的错误为例,讲述如何定位及排除错误。

回到原来“clock. gdf”文件,将 cntm60 的 cout 与 cntm12 的 h0 连接在一起,如附图 3.57 所示。

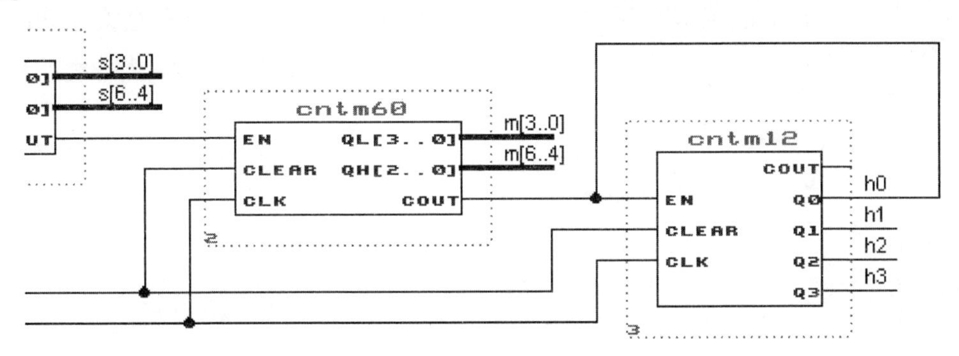

附图 3.57　输出短接后的 clock. gdf

将其编译,发现如附图 3.58 所示两条错误信息。

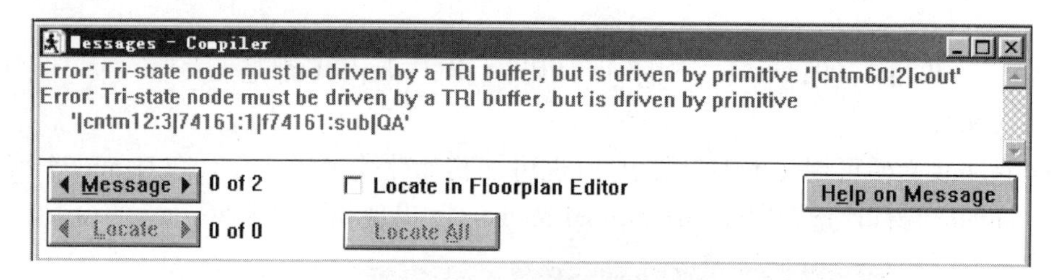

附图 3.58　错误信息提示

错误信息显示三态驱动有误,但设计中并没有用到三态门。实际上,这是错误定位不明确,但考虑到三态门也许是和输出接在一起的,此错误信息还是恰当的。为找出错误之处,双击第一条错误信息,如附图 3.59 所示。

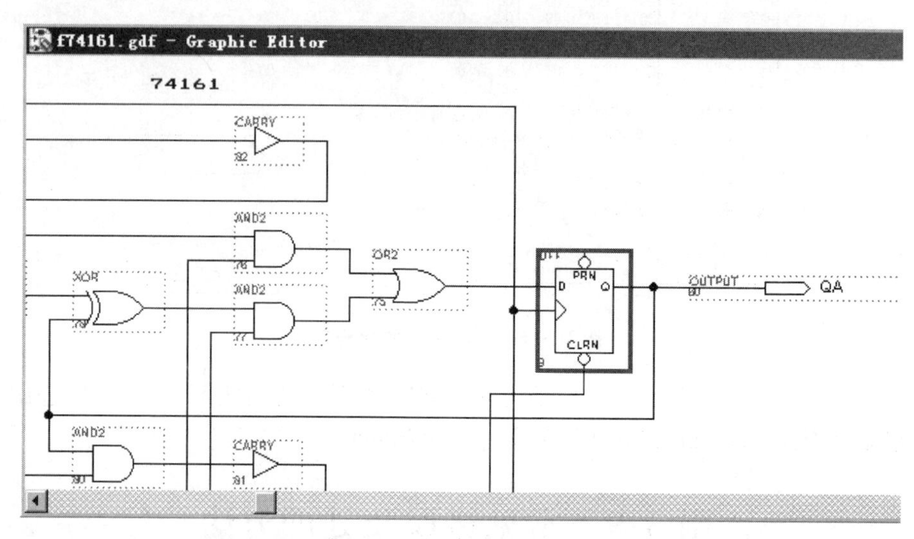

附图 3.59　错误定位在 f74161. gdf 的一个触发器上

由附图 3.59 可看到,错误定位在 f74161. gdf 的一个触发器上,好像与设计无关。使用菜单“File”下“Hierarchy”的“UP”回到“f74161. gdf”上一层“74161. tdf”;继续使用“File”下“Hierarchy”的“UP”回到“74161. tdf”上一层“cntm12. gdf”;回到“cntm12. gdf”的上一层,可发现错误被定位在符号“cntm12”上,此时应能找出错误。

在实际定位错误时,菜单“File”下“Hierarchy”的“UP”与“DOWN”操作是很有用的。

附录 4　ispEXPERT System 3.0 使用指导

附 4.1　Lattice isp EXPERT VHDL 概述

Lattice 公司推出的 ispEXPERT System 是 ispEXPERT 的主要集成环境。在 ispExpert System 中可以进行 VHDL、Verilog 及 ABEL 语言的设计输入、综合、适配、仿真和在系统下载。ispEXPERT是目前流行的 EDA 软件中最容易掌握的设计工具之一，它界面友好，操作方便，功能强大，并与第三方 EDA 工具兼容良好。

软件主要特征如下：

1. 输入方式。

原理图输入；

ABEL - VHDL 输入；

VHDL 输入；

Verilog - VHDL 输入。

2. 逻辑模拟。

功能模拟；

时序模拟；

静态时序分析。

3. 编译器。

结构综合、映射、自动布局和布线。

4. 支持的器件。

含有宏库，有 500 个宏单元可供调用；

支持所有 isp 器件。

5. 下载软件。

isp 菊花链下载软件。

附 4.2　原理图输入

一、启动ispLEVER

选择“Start→Programs→Lattice Semiconductor→ispLEVER”菜单。

二、创建一个新的设计项目

1. 选择菜单“File”。

2. 选择“New Project”。
3. 键入项目名“f:\example\demo.syn”。
4. 若用 VHDL 语言，选择 Project type 为“Schematic/VHDL”，如附图 4.1 所示。

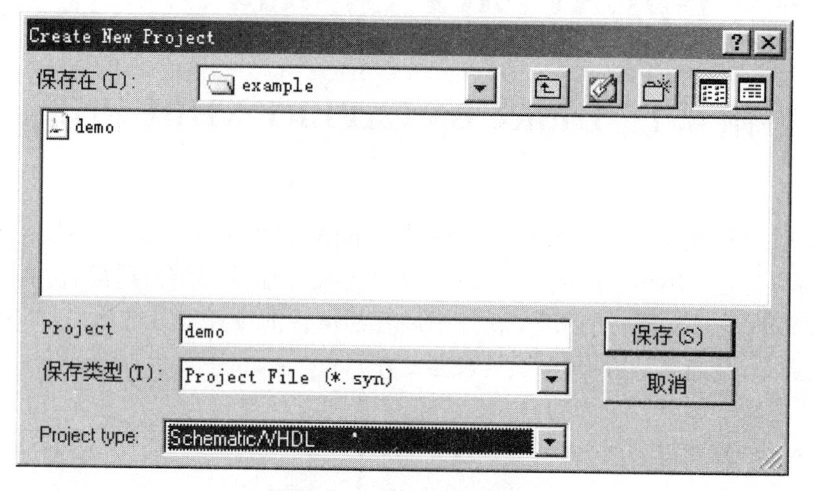

附图 4.1　项目新建、保存

5. 看到默认的项目名 Untitled 和器件型号 ispLSI5256VE－165LF256，如附图 4.2 所示。

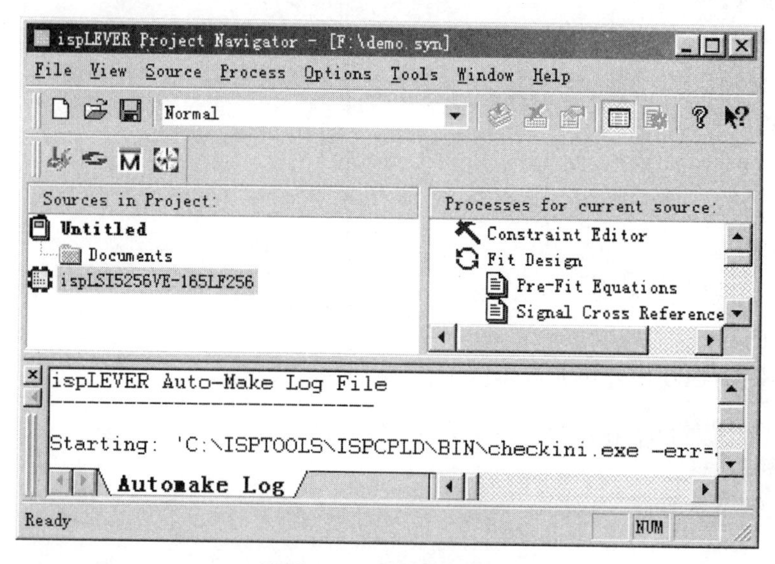

附图 4.2　项目操作界面

三、项目命名

1. 双击 Untitled。
2. 在 Title 文本框中输入“demo Project”，并单击“OK”按钮。

四、选择器件

1. 双击 ispLSI5256VE－165LF256，看到“Device Selector”对话框，如附图 4.3 所示。

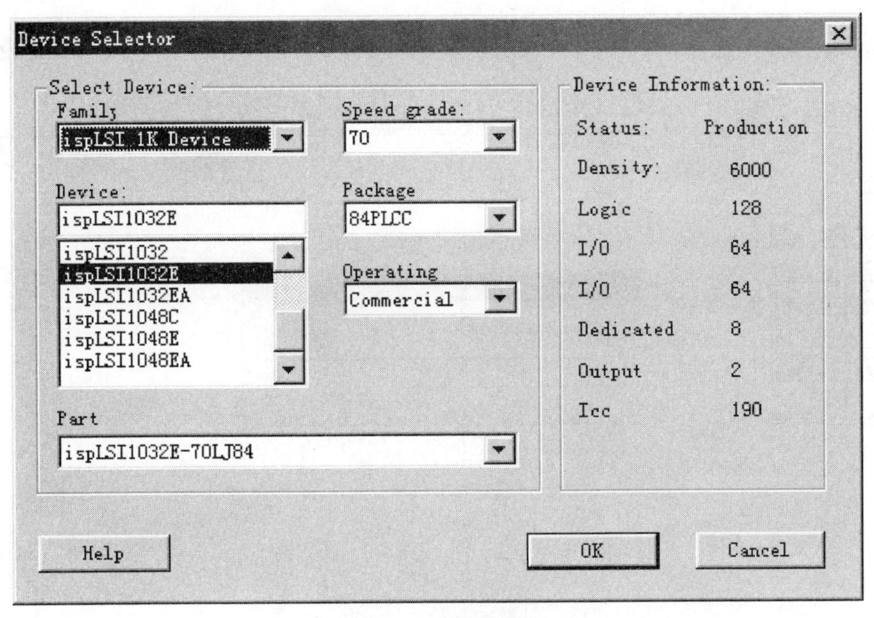

附图 4.3 器件选择

2. 在 Family 目录中选择“ispLSI 1K Device”项。

3. 按动 Device 目录中滚动条,找到器件系列“ispLSI1032E”。

4. 再在 Part 中找到“ispLSI1032E - 70LJ84”器件(这里仅以此为例)。

5. 单击“OK”按钮选定这个器件。

注意:由于 ispLSI1032E - 70LJ84 芯片现在已经不再生产,在完成以上过程后,会出现三个窗口,分别选择“否”、“是”、“否”,就可以了。

五、在设计中增加源文件

一个设计项目由一个或多个源文件组成。这些源文件可以是原理图文件(*. sch)、ABEL HDL 文件(*. abl)、VHDL 设计文件(*. vhd)、Verilog HDL 设计文件(*. v)、测试向量文件(*. abv)或者是文字文件(*. doc、*. wri、*. txt)。通过以下操作步骤可在设计项目中添加一张空白的原理图纸。

1. 在菜单上选择“Source”项。

2. 选择“New”打开如附图 4.4 所示对话框。

3. 话框中,选择“Schematic”(原理图),并单击“OK”按钮。

4. 选择路径“f:\example”并输入文件名“demo. sch”,如附图 4.5 所示。

5. 确认后,单击“OK”按钮。

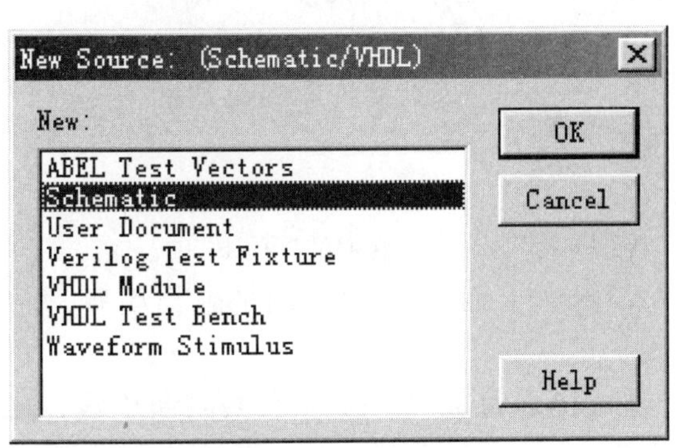

附图 4.4 增加源文件

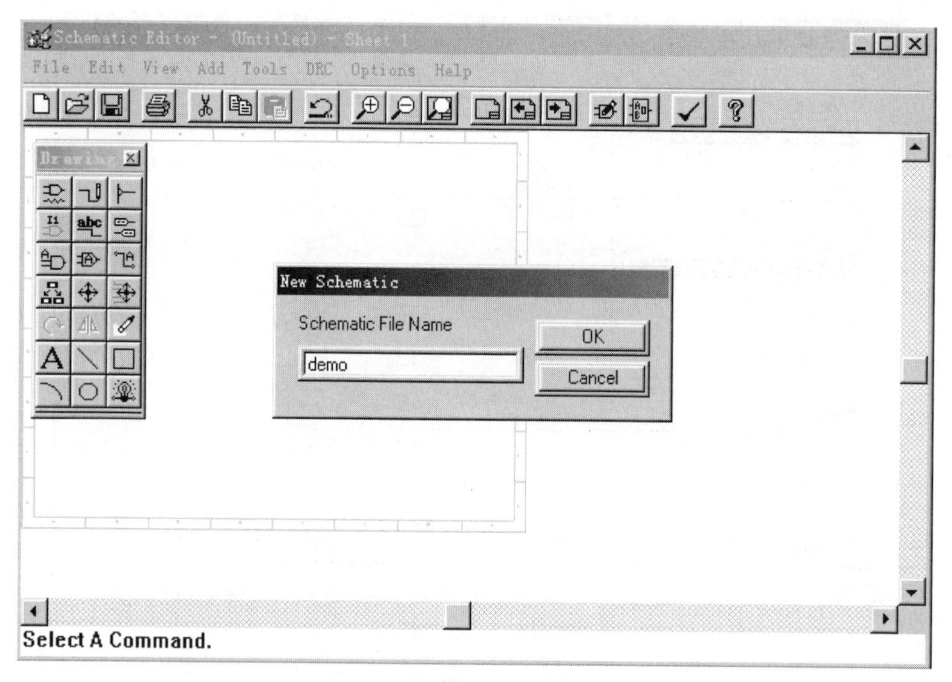

附图 4.5　新建原理图文件

六、原理图输入

进入原理图编辑器，通过下面的步骤，可在原理图中画上几个元件符号，并用引线将它们相互连接起来。

1. 在菜单栏中选择“Add”，然后选择“Symbol”，弹出如附图 4.6 所示对话框。

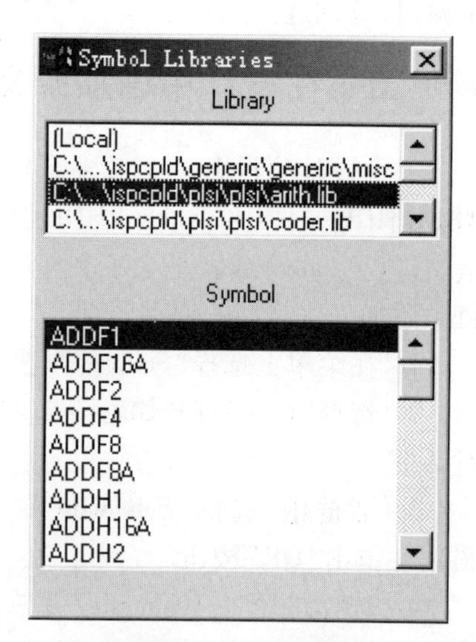

附图 4.6　元件选择

2. 选择 gates. lib 库，然后选择 G_2AND 元件符号。

3. 将鼠标移回到原理图纸上，注意此刻 AND 门粘连在光标上，并随之移动。

4. 单击鼠标左键，将符号放置在合适的位置。单击右键，将去掉光标上的元件。

5. 在第一个 AND 门下面放置另一个 AND 门。

6. 将鼠标移回到元件库的对话框，并选择 G_2OR 元件。

7. 将 OR 门放置在两个 AND 门的右边。

8. 选择“Add”菜单中的“Wire”项。

9. 单击上面一个 AND 门的输出引脚，并开始画引线。

10. 随后每次单击鼠标，便可弯折引线，双击便终止连线。

11. 将引线连到 OR 门的一个输入脚。

12. 重复上述步骤,连接下面一个 AND 门。

13. 添加更多的元件符号和连线。

采用上述步骤,从 regs. lib 库中选一个 G_D 寄存器,并从 iopads. lib 库中选择 G_OUTPUT 符号。将它们互相连接,实现如附图 4.7 所示的原理图。

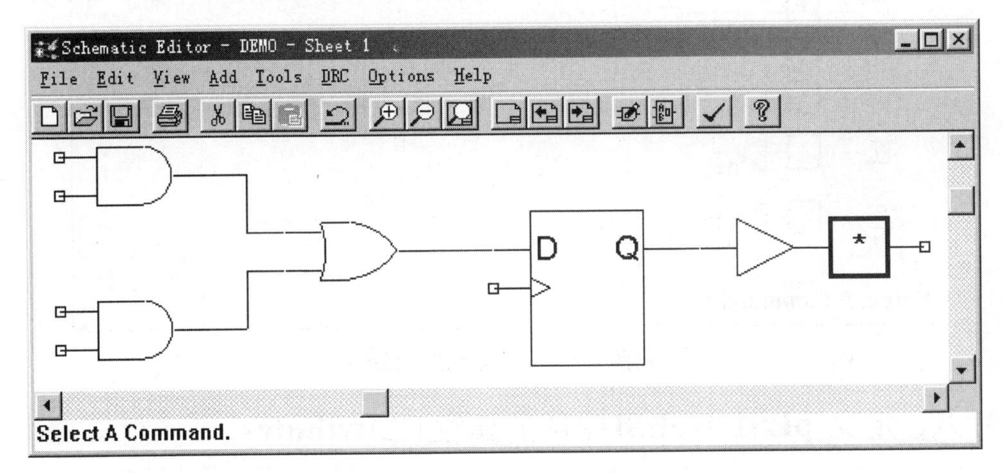

附图 4.7　部分原理图

七、完成设计

以下通过为连线命名和标注 I/O Markers 来完成原理图。

当要为连线加信号名称时,可以使用 Synario 的特点同时完成两件事——添加连线和连线的信号名称。这是一个很有用的特点,可以节省设计时间。I/O Markers 是特殊的元件符号,它指明了进入或离开这张原理图的信号名称。注意连线不能被悬空(dangling),它们必须连接到 I/O Marker 或逻辑符号上。这些标记采用与之相连的连线的名字,与 I/O Pad 符号不同,将在下面定义属性(Add Attributes)的步骤中详细解释。

1. 为了完成这个设计,选择“Add”菜单中的“Net Name”项。

2. 屏幕底下的状态栏提示输入连线名,输入名字并按“Enter”键,连线名会粘在鼠标的光标上。

3. 将上面的与门输入端,并在引线的末端连接端(也即输入脚左端的红色方块),按鼠标左键,并向左边拖动鼠标。这可以在放置连线名称的同时,画出一根输入连线。

4. 输入信号名称,现在应该是加注到引线的末端。

5. 重复这一步骤,直至加上全部的输入信号名和连线,以及输出信号名和连线。

6. 现在在 Add 菜单的 I/O Marker 项,将会出现一个对话框,选择“Input”,将鼠标的光标移至输入连线的末端(位于连线和连线名之间),并单击鼠标左键。这时会出现一个输入 I/O Marker 标记,里面是连线名。

7. 将鼠标移至下一个输入。重复上述步骤,直至所有的输入都有 I/O Marker。

8. 在对话框中选择 Output,然后单击输出连线端,加上一个输出 I/O Marker。

9. 至此原理图就基本完成,如附图 4.8 所示。

10. 从菜单条上选择“File”,并选择“Save”保存原理图。

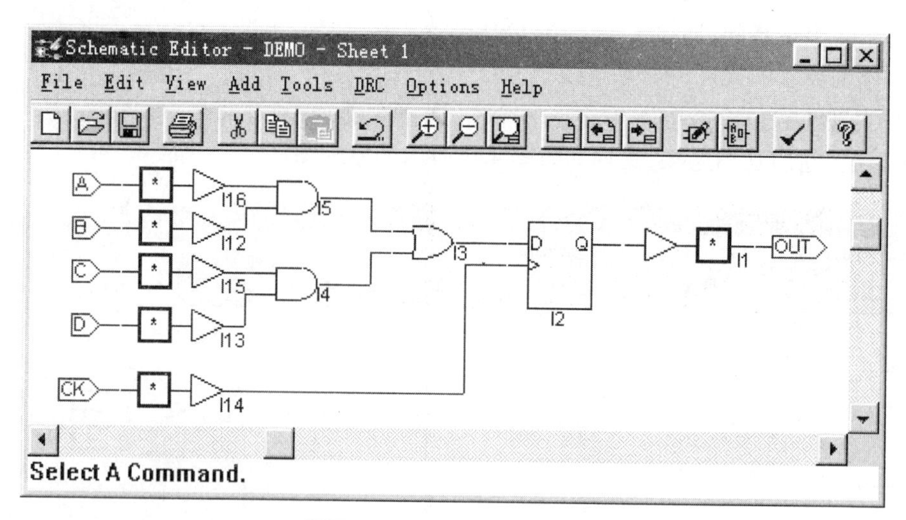

附图 4.8　完成连线的原理图

八、定义 pLSI/ispLSI器件的属性(Attributes)

用户可以为任何一个元件符号或连线定义属性。在这个例子中,可以为输出端口符号添加引脚锁定 LOCK 的属性,如附图 4.9 所示。请注意,在 ispEXPERT 中,引脚的属性实际上是加到 I/O Pad 符号上,而不是加到 I/O Marker 上。同时也请注意,只有当需要为一个引脚增加属性时,才需要 I/O Pad 符号;否则,只需要一个 I/O Marker。

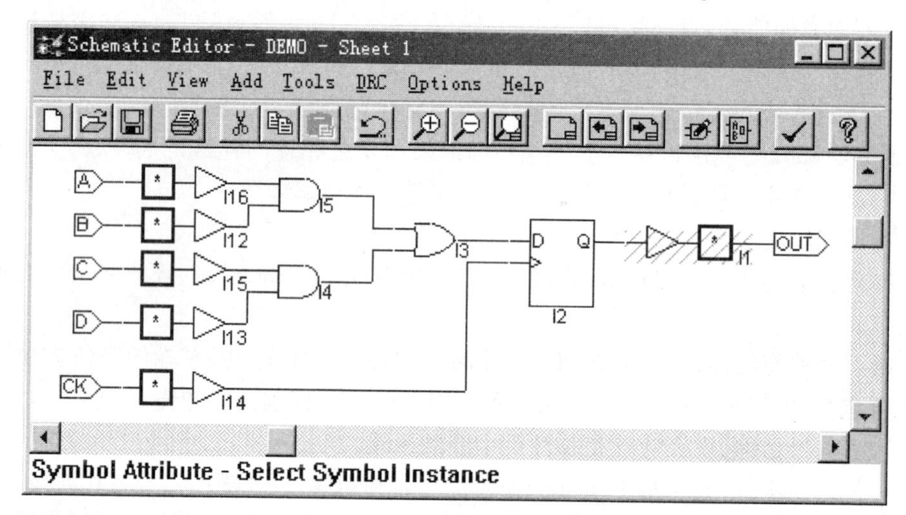

附图 4.9　添加引脚属性

1. 在菜单条上选择“Edit→Attribute→Symbol Attribute”项,这时会出现一个“Symbol Attribute Edit”对话框,如附图 4.10 所示。

2. 单击需要定义属性的输出 I/O Pad。

3. 对话框里会出现一系列可供选择的属性。

(1) 选择“PinNumber”属性,并且把文本框中的“ * ”替换成“4”。

(2) 关闭对话框。

（3）请注意，此时数字“4”出现在 I/O Pad 符号内。

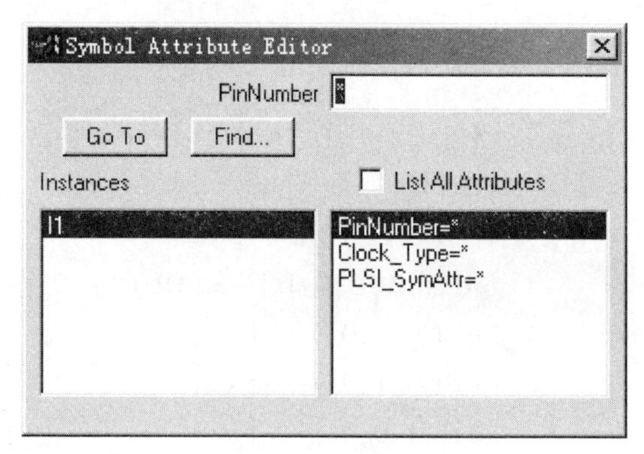

附图 4.10　属性设定

设计完成的最终原理图如附图 4.11 所示。

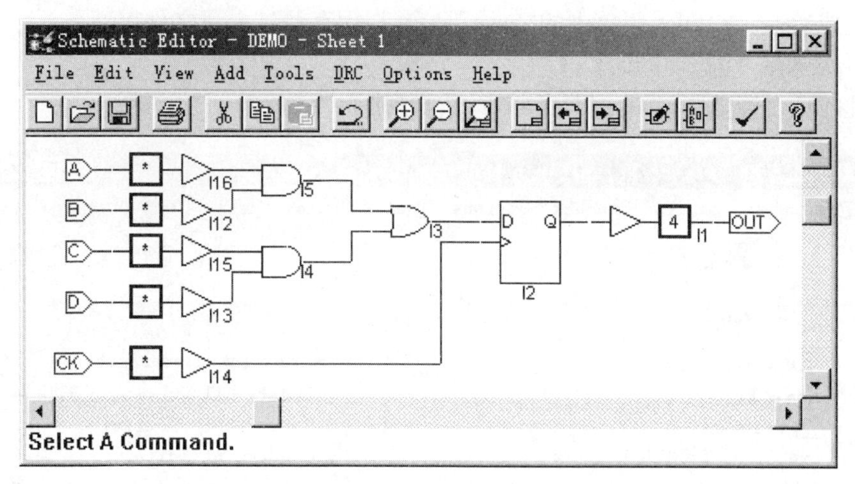

附图 4.11　最终原理图

九、保存已完成的设计

1. 在菜单条上选择“File”，并选“Save”命令。
2. 再次选“File”，并选“Exit”命令。

附 4.3　设计的编译与仿真

一、建立仿真测试向量（Simulation Test Vectors）

1. 已选择 ispLSI1032E－70LJ84 器件的情况下，选择“Source”菜单中的“New”命令。
2. 在弹出的对话框中，选择“ABEL Test Vector”并单击“OK”按钮。
3. 输入文件名“demo.abv”作为测试向量文件名。
4. 单击“OK”按钮。

5. 文本编辑器弹出后,输入下列测试向量文本:

```
module demo;
c,x = .c. ,.x. ;
CK,A,B,C,D,OUT
PIN;
TEST_VECTORS
([CK,A,B,C,D] -> [OUT])
[c,0,0,0,0 ] -> [x];
[c,0,0,1,0 ] -> [x];
[c,1,1,0,0 ] -> [x];
[c,0,1,0,1 ] -> [x];
END
```

6. 完成后,选择"File"菜单中的"Save"命令,以保存测试向量文件。
7. 再次选择"File",并选"Exit"命令。
8. 此时项目管理器(Project Navigetor)应如附图4.12所示。

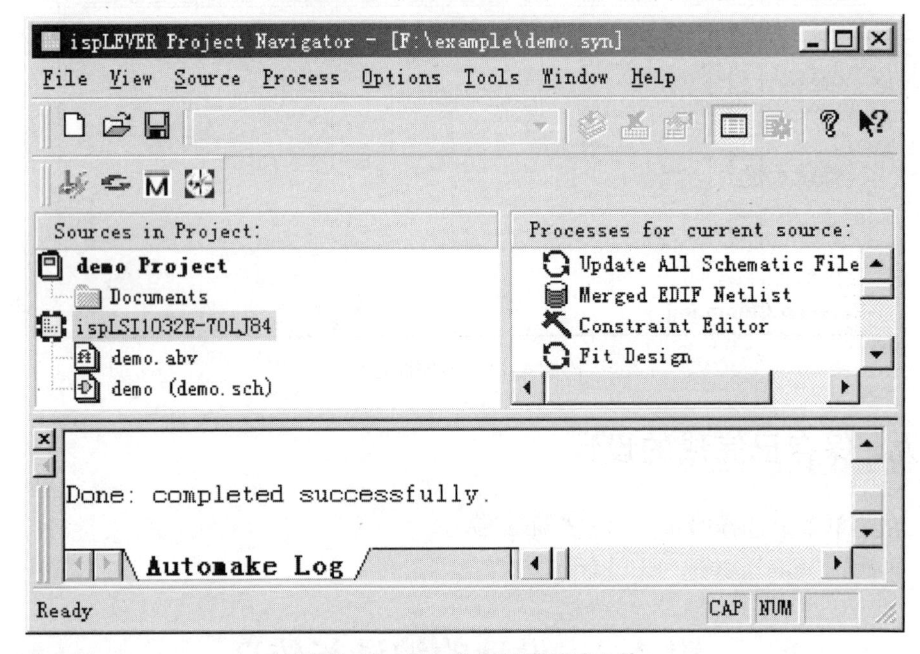

附图4.12　添加向量仿真测试文件

二、编译原理图与测试向量

现已为设计项目建立起所需的源文件,下一步是执行每一个源文件所对应的处理过程。选择不同的源文件,可以从项目管理器窗口中观察到该文件所对应的可执行过程。在这一步,应分别编译原理图和测试向量。

1. 在项目管理器左边的项目源文件(Sources in Project)清单中选择原理图"demo.sch"。

2. 双击原理图编译处理过程,这时会出现如附图4.13所示现象。

3. 编译通过后,右边“Processes for current source”框中,所有内容前会出现一个绿色的查对记号,表明编译已成功。编译结果将以逻辑方程的形式表现出来。如果出现红叉的话说明有错,双击 Automake Log 栏中红色项就会看到文件的出错行,修改文件后再编译。

4. 从源文件清单中选择测试向量源文件“demo. abv”。

5. 双击测试向量编译(Compile Test Vector)处理过程,这时会出现如附图4.14所示现象。

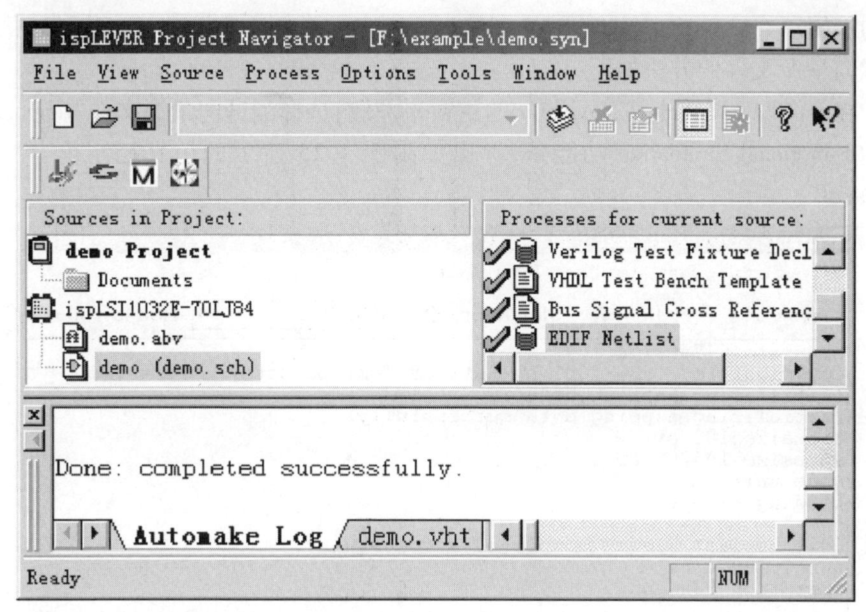

附图4.13　编译原理图

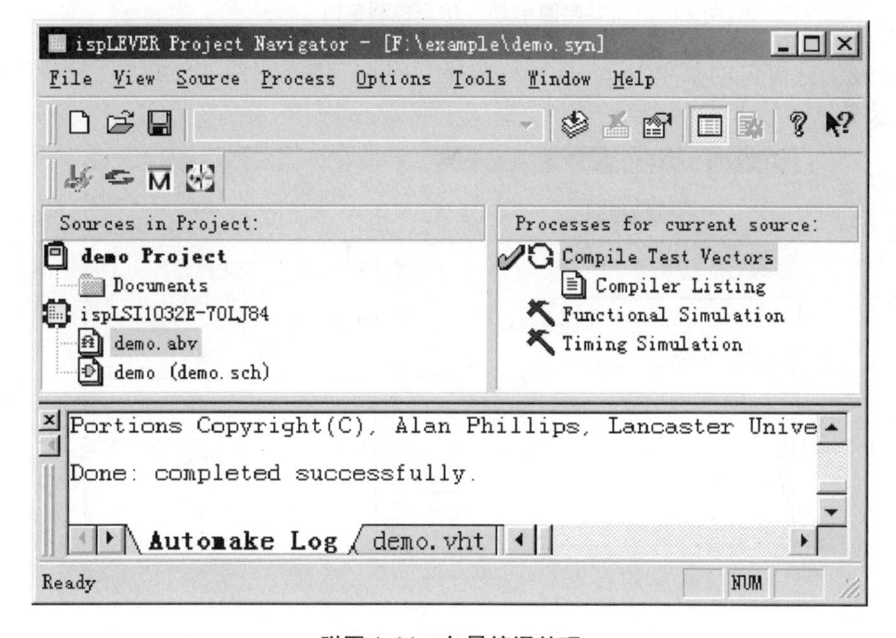

附图4.14　向量编译处理

三、设计的仿真

ispExpert 开发系统较先前的 ispSynario 开发系统而言，在仿真功能上有了极大的改进，它不但可以进行功能仿真（Timing Simulation），在仿真过程中，ispEXPERT 开发系统还提供了单步运行、断点设置以及跟踪调试等新的功能。

1. 功能仿真。

仿真可采用两种方法：一种是利用测试向量源文件的方法，另一种是采用波形编辑器进行波形的编辑。

测试向量源文件的方法如下：

（1）在 ispLEVER Project Navigator 的主窗口左侧，选择测试向量源文件"demo. abv"，双击右侧的 Functional Simulation 功能条，弹出如附图 4.15 所示的仿真控制窗口"Simulator Control Panel"。

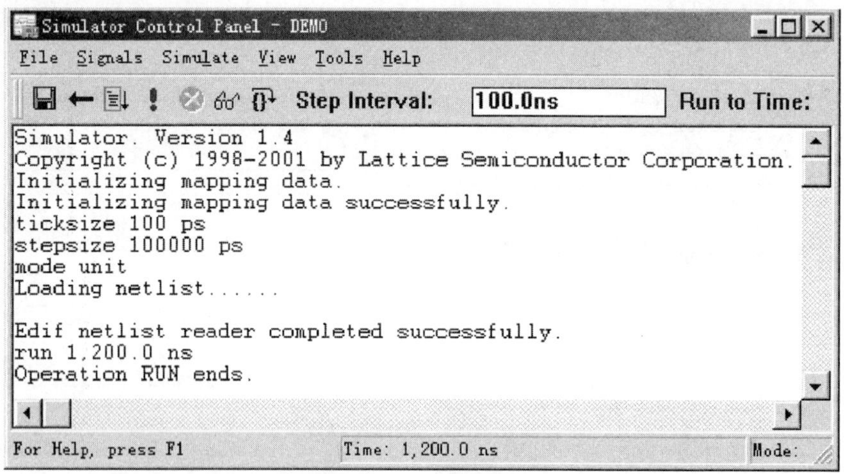

附图 4.15　仿真控制窗口

（2）在上述窗口的菜单"Signals"中，选择"Debug"进入跟踪调试模式，其状态如附图 4.16 所示。

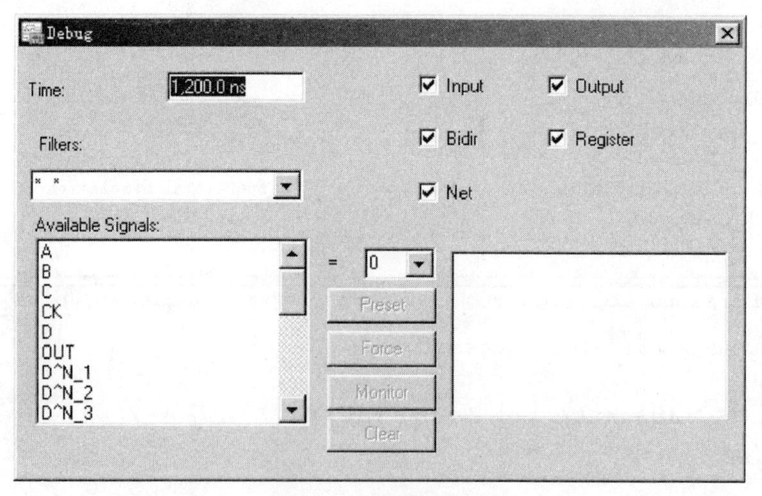

附图 4.16　跟踪调试设定

（3）在 Available Signals 工具条中，选中所要跟踪查看的信号名，如“A、B、C、D、CK、OUT”，单击“Monitor”按钮，可跟踪查看这些信号的状态。

（4）在“Simulator Control Panel”窗口的菜单“Simulate”中选择“Run”，将根据 *.abv 文件中所给出的输入波形，进行一步到位的仿真。

（5）在“Simulator Control Panel”窗口的“Tool”菜单中，选择“Waveform Viewer”菜单，将打开波形观察器“Waveform Viewer”，如附图 4.17 所示。

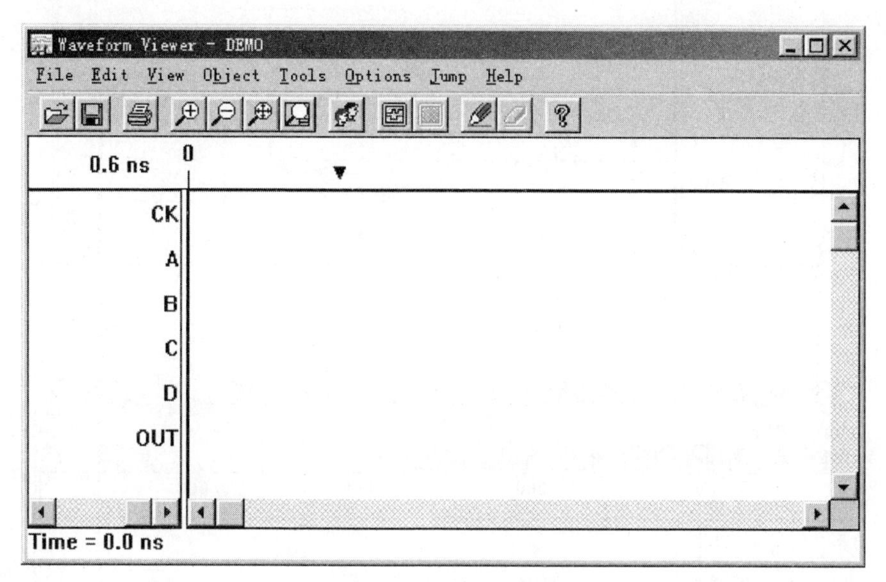

附图 4.17 波形观察器

（6）为了能观察到波形，必须选择“Edit”菜单中的“Show”命令。这时将看到如附图 4.18 所示的对话框，其中列出了输入、输出端口的信号名。

（7）单击每一个想看的信号名，然后单击“Show”按钮，每一个所选的波形都显示在波形观察器的窗口中，如附图 4.19 所示。

（8）如需查看内部节点波形，可在“Simulator Control Panel”窗口中选中该节点，然后单击“Monitor”按钮，即可在“Waveform Viewer”窗口中看到该信号波形。

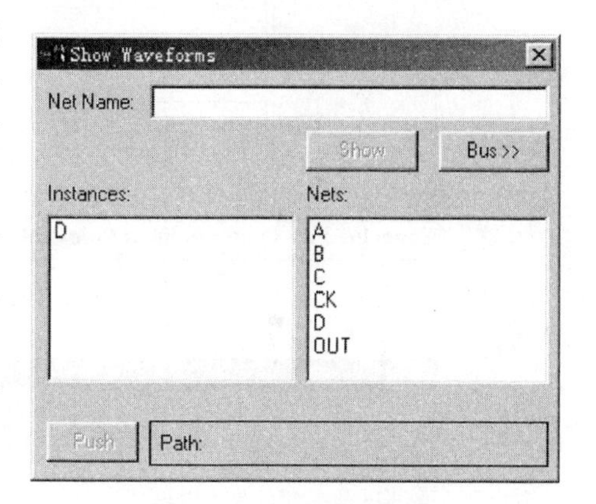

附图 4.18 波形显示设定

（9）单步仿真。在“Simulator Control Panel”窗口的“Simulate”菜单中选择“Step”项，可对设计进行单步仿真。ispEXPERT 系统中仿真器的默认步长为 100ns，可根据需要选择“Simulate”菜单中的“Settings”项来重新设置所需要的步长。选择“Simulate”菜单中的“Reset”项，可将仿真状态退回至初始状态(0 时刻)。随后，每单击一次“Step”按钮，仿真器便仿真一个步长。附图 4.20 是单击了七次“Step”按钮后所显示的波形(所选步长为 100ns)。

（10）设置断点(Breakpoint)。在“Simulator Control Panel”窗口中，单击“Signals→Breakpoints"菜单，会显示如附图 4.21 所示的断点设置控制窗口"Breakpoints"。

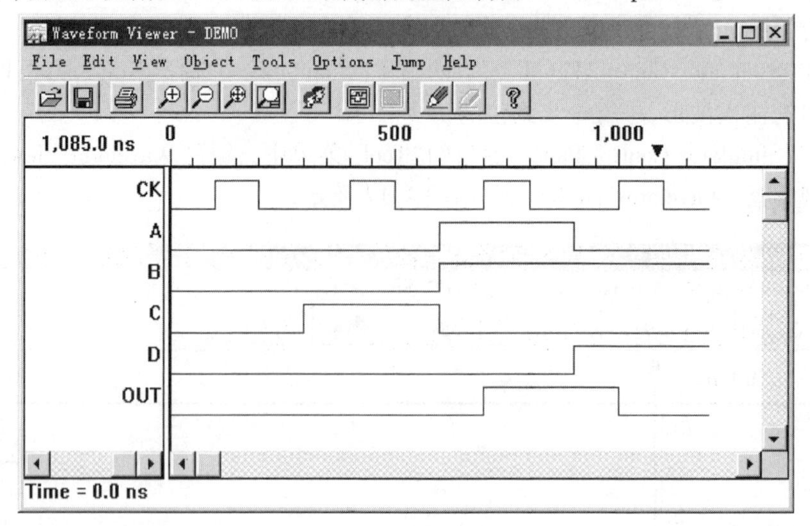

附图 4.19　波形结果显示

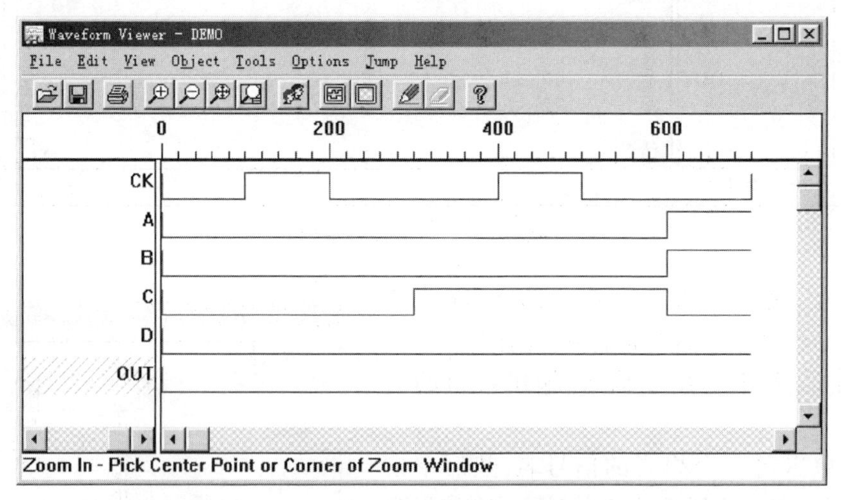

附图 4.20　单步仿真结果

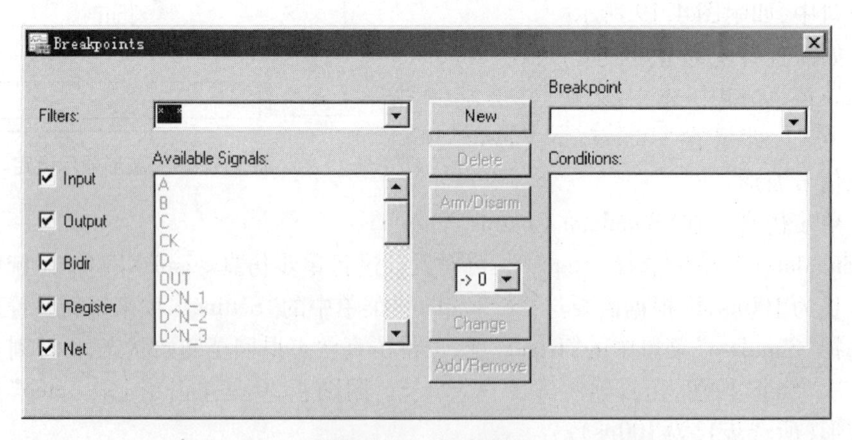

附图 4.21　断点设置

在附图 4.21 所示窗口中单击“New”按钮,开始设置一个新的断点。在 Available Signals 栏中单击鼠标选择所需的信号,在窗口中间的下拉滚动条中可选择设置断点时该信号的变化要求,例如:“→0”指该信号变化到 0 状态;“!=1”指该信号处于非 1 状态。一个断点可以用多个信号所处的状态来作为定义条件,这些条件在逻辑上是与的关系。最后在“Breakpoints”窗口中单击“Arm/Disarm”按钮使所设断点生效。本例中选择信号“OUT→?”作为断点条件,其意义是断点成立的条件为 OUT 信号发生任何变化(变为 0、1、Z 或 X 状态)。这样仿真过程中在 0ns、700ns、1000ns 时刻都会遇到断点。

波形编辑(Waveform Edit)的方法如下:

除了用 *.abv 文件描述信号的激励波形外,ispEXPERT 系统还提供了直观地激励波形的图形输入工具 Waveform Editor。以下是用 Waveform Editor 编辑激励波形的步骤(仍以设计 demo.sch 为例):

(1) 在“Simulator Waveform Editor”窗口中,选择“Tools→Waveform Editor”菜单,进入波形编辑器窗口“Waveform Eidtor”,如附图 4.22 所示。

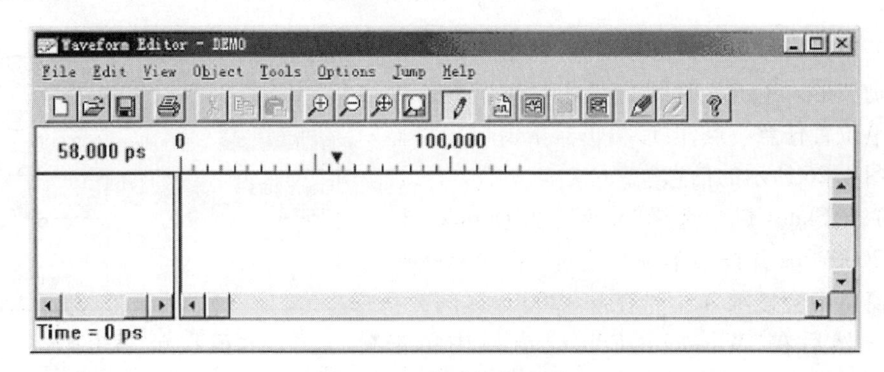

附图 4.22　波形编辑器窗口

(2) 在附图 4.22 所示窗口中选择“Object→Edit Mode”菜单,将弹出如附图 4.23 所示的波形编辑子窗口。

(3) 在附图 4.22 所示窗口中选择“Edit→New Wave”菜单,将弹出如附图 4.24 所示的窗口。

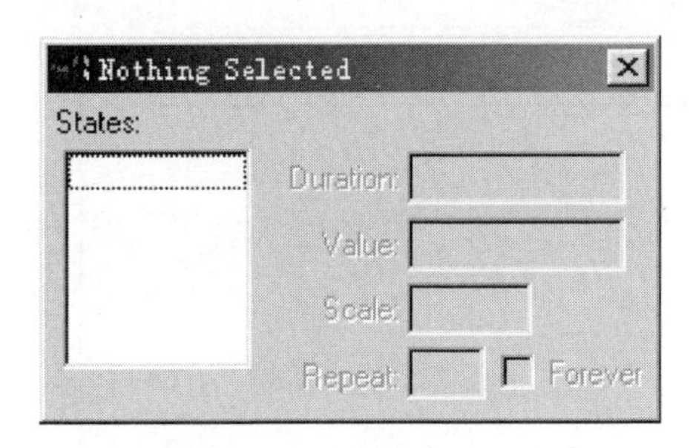

附图 4.23　波形编辑子窗口

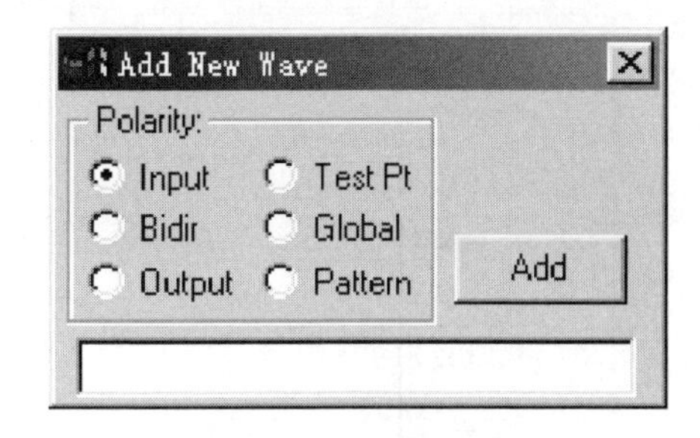

附图 4.24　添加波形

在该窗口中的 Polarity 选项中选择“Input”,然后在窗口下部的空格中输入信号名“A、B、C、D、CK”。每输完一个信号名单击一次“Add”按钮。

(4) 完成上述步骤后,“Waveform Editor”窗口中有了“A、B、C、D、CK”的信号名,如附图

4.25 所示。

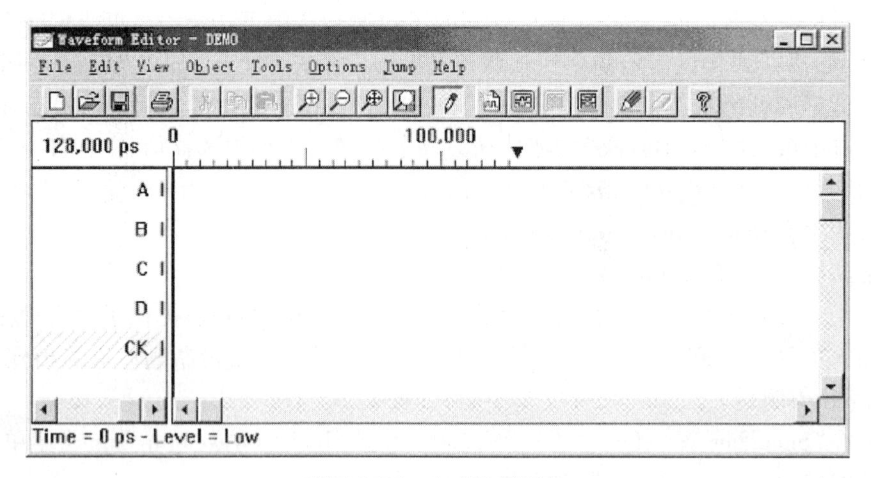

附图 4.25　完成波形添加

(5) 单击窗口左侧的信号名 A,开始编辑 A 信号的激励波形。单击 0 时刻右端且与 A 信号所处同一水平位置任意一点,波形编辑器子窗口中将显示如附图 4.26 所示的信息。

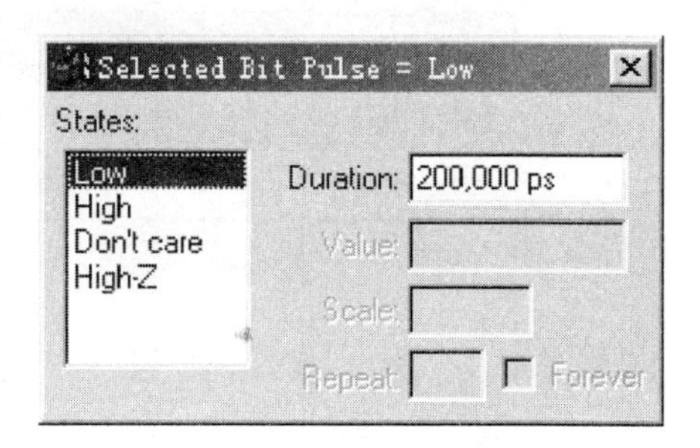

附图 4.26　编辑波形

(6) 在 States 栏中选择"Low",在 Duration 栏中填入 200000ps 并按回车键。这时,在"Waveform Editor"窗口中会显示 A 信号在 0 ~ 200ns 区间为 0 的波形。然后在"Waveform Editor"窗口中单击 200ns 右侧区间任一点,可在波形编辑器的子窗口中编辑 A 信号的下一个变化。重复上述操作过程,并将它存盘为 wave_in. wdl 文件。完成后,"Waveform Editor"窗口如附图 4.27 所示。

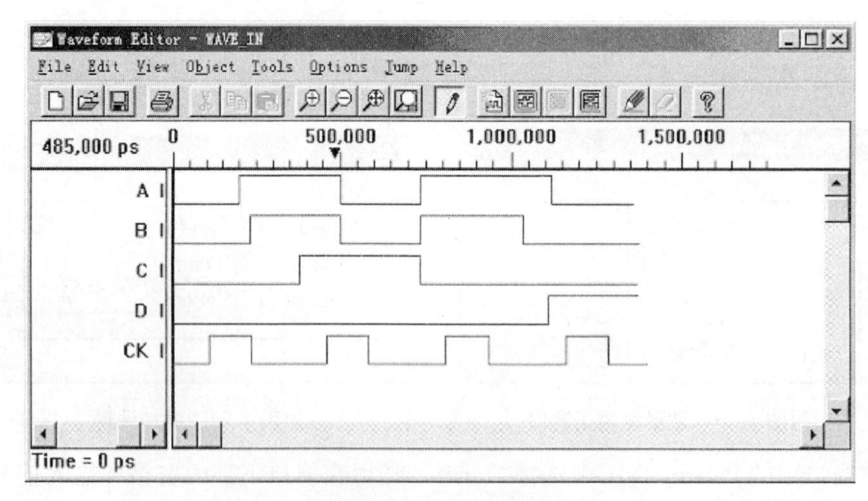

附图 4.27　完成波形编辑

(7) 在"Waveform Editor"窗口中,选择"File→Consistency Check"菜单,检测激励波形是

否存在冲突。在该例中,错误信息窗口会提示“No Error Dected”。

(8) 此时,激励波形已描述完毕,剩下的工作是调入激励文件“wave_in. wdl”进行仿真。回到 ispLEVER Project Navigator 主窗口,选择“Source→Import”菜单,调入激励文件“wave_in. wdl”。在窗口左侧的源程序区选中“Wave_in. wdl”文件,双击窗口右侧的“Functional Simulation”栏进入功能仿真流程,以下的步骤与用 * . abv 描述激励的仿真过程完全一致,在此不再赘述。

2. 时序仿真(Timing Simulation)。

时序仿真的操作步骤与功能仿真基本相似,以下简述其操作过程中与功能仿真的不同之处。

仍以设计 Demo 为例,在 ispLEVER Project Navigator 主窗口中,在左侧源程序区选中“Demo. abv”,双击右侧的“Timing Simulation”栏进入时序仿真流程。由于时序仿真需要与所选器件有关的时间参数,因此双击“Timing Simulation”栏后,软件会自动对器件进行适配,然后打开与功能仿真时间相同的“Simulator Control Panel”窗口。

时序仿真与功能仿真操作步骤的不同之处,在于仿真的参数设置上。在时序仿真时,打开“Simulator Control Panel”窗口中的“Simulate→Settings”菜单,弹出“Setup Simulator”对话框。在此对话框中可设置延时参数(Simulation Delay):最小延时(Minimun Delay)、典型延时(Typical Delay)、最大延时(Maximum Delay)和 0 延时(Zero Delay)。最小延时是指器件可能的最小延时时间,0 延时指延时时间为 0。需要注意的是,在 ispExpert 系统中,典型延时时间均为 0 延时。

在“Setup Simulator”对话框中,仿真模式(Simulation Mode)可设置为两种形式:惯性延时(Inertial Mode)和传输延时(Transport Mode)。

将仿真参数设置为最大延时和传输延时状态,在“Waveform Viewer”窗口中显示的仿真结果如附图 4.28 所示。

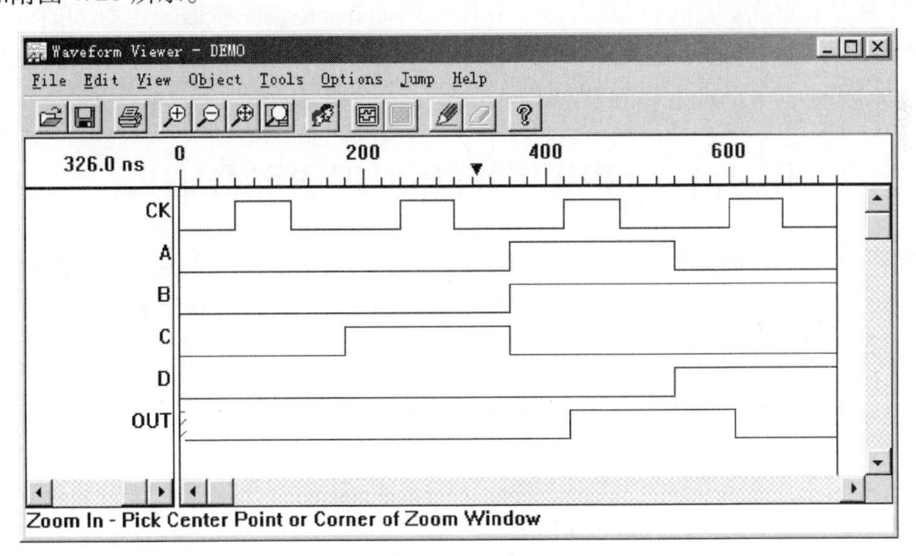

附图 4.28　仿真结果

由附图 4.28 可见,与功能仿真不同的是:输出信号 OUT 的变化比时钟 CK 的上升沿滞后了 8ns。

四、建立元件符号(Symbol)

ispExpert 工具的一个非常有用的特点是能够迅速地建立起一张原理图的符号目录。通过这一步骤,可以建立一个可供反复调用的逻辑宏元件,以便放置在更高一层的原理图纸上。附 4.4 节将介绍如何调用,这里仅介绍如何建立元件符号。

1. 双击原理图的资源文件“demo. sch”,把它打开。
2. 在原理图编辑器中,选择“File”菜单。
3. 从下拉菜单中,选择“Matching Symbol”命令。
4. 关闭原理图。

至此,这张原理图的宏元件符号已经建立完毕,并且被加到元件表中,可在附 4.4 节中调用这个元件。

五、将设计编译到 Lattice器件中

现已经完成设计输入和编译,并且通过了仿真。进一步,可将设计通过编译适配到指定的 Lattice ispLSI/pLSI 器件之中。也可以跳过余下的内容,直接进入附 4.4 节 ABEL 语言和原理图的混合输入。因为早先已经选择了器件,所以可以直接进入下面的步骤:

选择 ispLSI 1032 源文件,并观察相对应的处理过程。

双击处理过程 Fit Design。这将迫使项目管理器完成对源文件的编译,然后连接所有的源文件,最后再进行逻辑分割、布局和布线,将所设计的逻辑适配到所选择的 Lattice 器件中。

当上述步骤都完成后,可以双击 ispEXPERT Compiler Report,查看一下有关的设计报告和统计数据。当然,也可以查看 ispEXPERT Compiler Report 底下的有关时序特性的报告(Maximum Frequency、Setup/Hold、Tpd Path Delay、Tco Path Delay)。

附 4.4　ABEL 语言和原理图混合输入

本节要建立一个简单的 ABEL HDL 语言输入的设计,并且将其与附 4.3 节中完成的原理图进行合并,以层次结构的方式,画在顶层的原理图上。然后对这个完整的设计进行仿真、编译,最后适配到 ispLSI 器件中。

一、启动ispEXPERT System

如果在附 4.3 节的练习后退出了 ispLEVER,点击“Start→Programs→Lattice Semiconductor→ispLEVER”菜单,屏幕上项目管理器应如附图 4.29 所示。

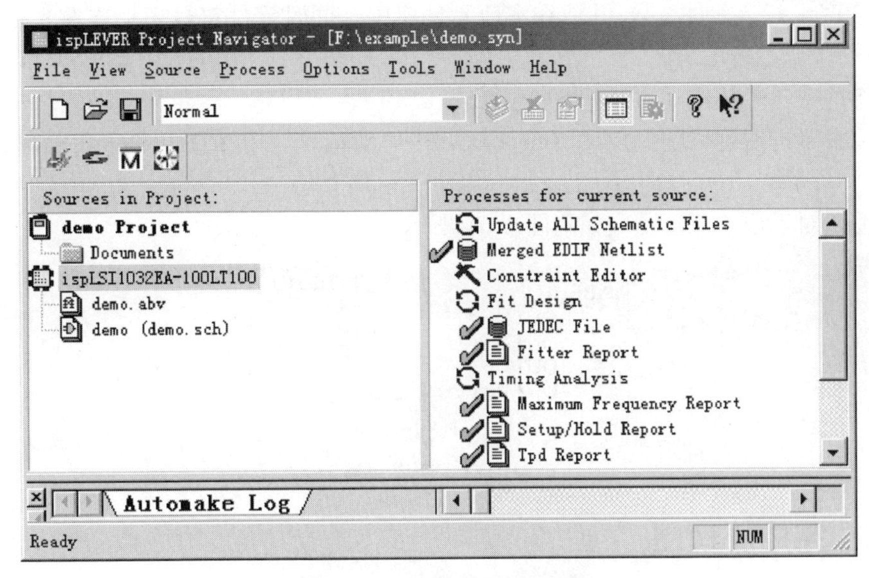

附图4.29　再次进入系统界面

二、建立顶层的原理图

1. 仍旧选择1032E器件，从菜单条上选“Source”。
2. 选择“New”。
3. 在对话框中选择“Schematic”，并单击“OK”按钮。
4. 选择路径“F:\examples”，然后在文本框中输入文件名“top.sch”，并单击“OK”按钮。
5. 进入原理图编辑器。
6. 调用附4.3节中创建的元件符号。选择“Add”菜单中的“Symbol”项，这时会出现“Symbol Libraries”对话框。选择Local库，下部的文本框中出现一个元件符号demo，这就是附4.3节中自行建立的元件符号。
7. 选择“demo”元件符号，并放到原理图上的合适位置。

三、建立内含ABEL语言的逻辑元件符号

现在要为ABEL HDL设计文件建立一个元件符号，只要知道了接口信息，就可以为下一层的设计模块创建一个元件符号。而实际的ABEL设计文件可以在以后再完成。

1. 在原理图编辑器里，选择“Add”菜单里的“New Block Symbol”命令。
2. 这时会出现一个对话框，提示输入ABEL模块名称及其输入信号名和输出信号名。按照附图4.30所示输入信息。
3. 当完成信号名的输入，单击“Run”

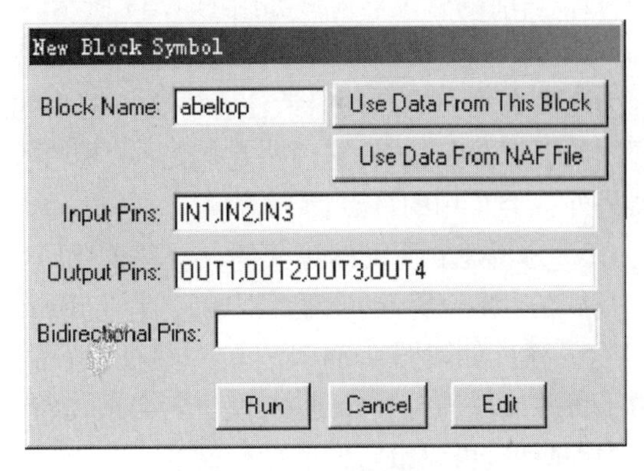

附图4.30　模块参数设定

按钮，就会产生一个元件符号，并放在本地元件库中。同时元件符号还粘连在光标上，随之移动。

4. 将这个符号放在 demo 符号的左边。

5. 单击鼠标右键，就会显示“Symbol Libraries”对话框。请注意 abeltop 符号出现在“Local”库中。

6. 关闭对话框。原理图应如附图 4.31 所示。

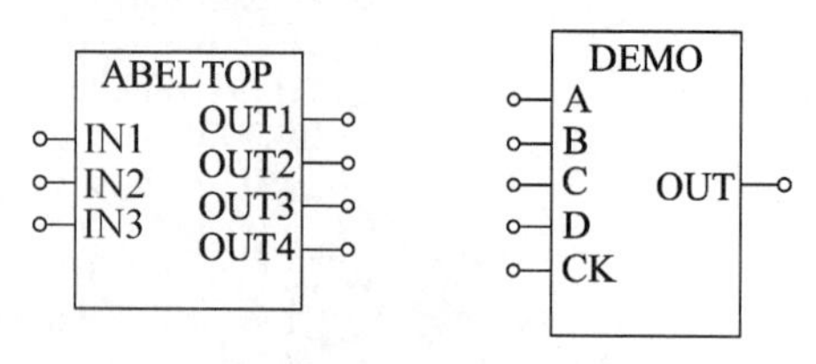

附图 4.31　新模块显示

四、完成原理图

添加必需的连线、连线名称以及 I/O 标记，来完成顶层原理图，使其看上去如附图 4.32 所示。如果需要帮助，请参考附 4.1 节中有关添加连线和符号的指导方法。画完后，应存盘后再退出。

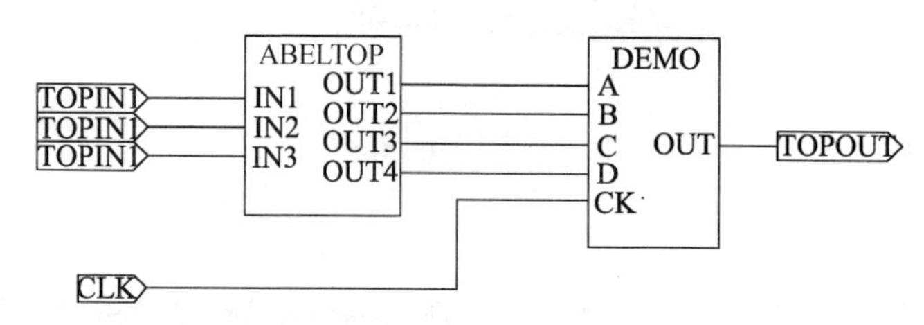

附图 4.32　完成模块连线

五、建立ABEL－HDL源文件

现在需要建立一个 ABEL 源文件，并把它链接到顶层原理图对应的符号上。要求所建立的 Project 类型为 Schematic/ABEL，项目管理器使这些步骤简化了：

1. 当前的管理器应该如附图 4.33 所示。

2. 请注意 ABELTOP 左边的红色“?”图标。这意味着目前这个源文件还是个未知数，因为还没有建立它。同时请注意源文件框中的层次结构，abeltop 和 demo 源文件位于 top 原理图的下面并且偏右，这说明它们是 top 原理图的低层源文件。这也是 ispLEVER 项目管理器另外一个有用的特点。

3. 为了建立所需的源文件，选择“ABELTOP”，然后选择“Source”菜单中的“New”命令。

4. 在“New Source”对话框中，选择“ABEL－HDL Module”并单击“OK”按钮。

5. 弹出如附图 4.34 所示的对话框，填写相应的栏目，如模块名、文件名、模块的标题。为了将源文件与符号相链接，模块名必须与符号名一致，而文件名没有必要与符号名一致。但为了简单，可以给它们取相同的名字。

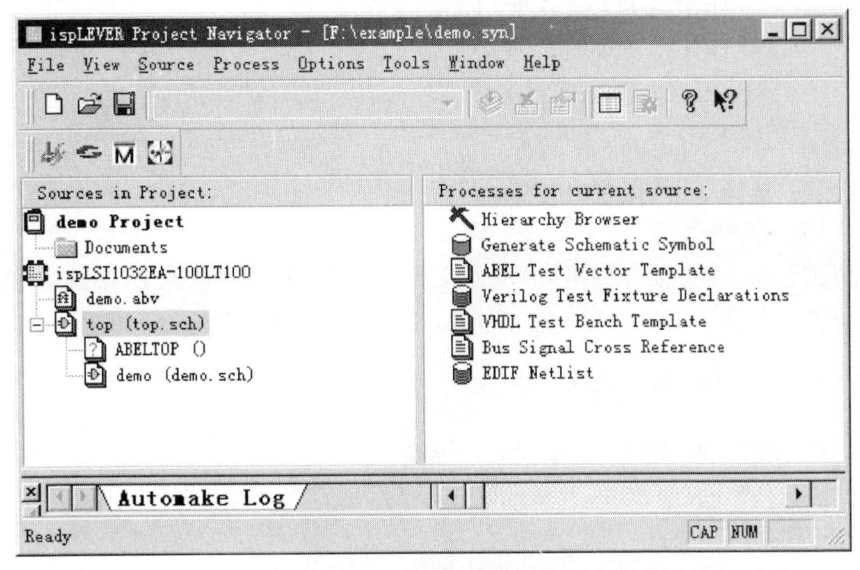

附图 4.33 项目管理器显示

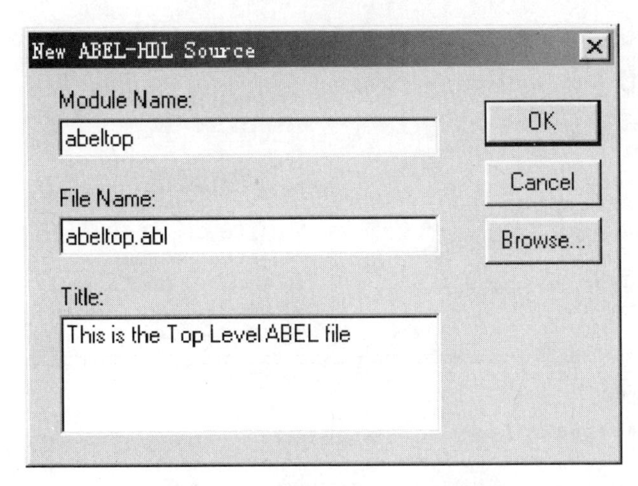

附图 4.34 新建 ABEL - HDL 资源

6. 单击“OK”按钮,进入“Text Editor”窗口,可见 ABEL HDL 设计文件的框架已呈现出来。

7. 输入下列的代码,确保输入代码位于 TITLE 语句和 END 语句之间。

```
MODULE abeltop
TTTLE 'This is the Top Level ABEL file'
"Inputs
IN1,IN2,IN3 PIN;
"Outputs
OUT1,OUT2,OUT3,OUT4 PIN;
Equations
OUT1 = IN1&! IN3;
```

```
OUT2 = IN1&! IN2;
OUT3 = ! IN1&IN2&IN3;
OUT4 = IN2&IN3;
END
```

8. 完成后,选择“File”菜单中的“Save”命令。

9. 退出文本编辑器。

10. 请注意项目管理器中 ABELTOP 源文件左边的图标已经改变了,这就意味着已经有了一个与此源文件相关的 ABEL 文件,并且已经建立了正确的连接。

六、编译ABEL HDL

1. 选择“ABELTOP”源文件。

2. 在处理过程列表中,双击“Compile Logic”过程。当处理过程结束后,项目管理器应如附图 4.35 所示。

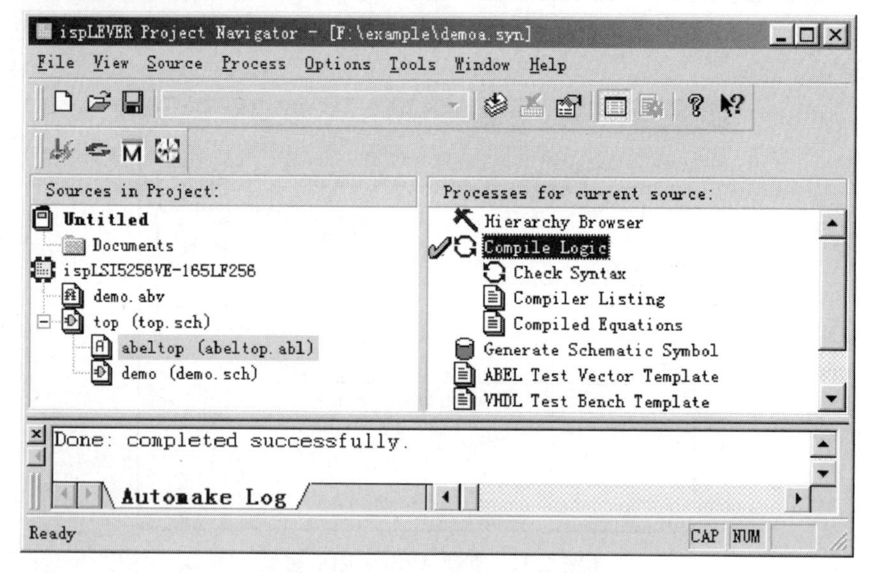

附图 4.35　编译源文件

七、仿 真

对整个设计进行仿真需要一个新的测试矢量文件,在本例中只需修改当前的测试矢量文件。

1. 双击 demo.abv 源文件,出现文本编辑器。

2. 按照以下内容修改测试矢量文件。

```
module demo
c,x = .c.,.x.;
CLK,TOPIN1,TOPIN2,TOPIN3,TOPOUT PIN;
TEST_VECTORS
```

```
([CLK,TOPIN1,TOPIN2,TOPIN3]->[TOPOUT])
[c, 0, 0, 0]->[x];
[c, 0, 0, 1]->[x];
[c, 0, 1, 0]->[x];
[c, 0, 1, 1]->[x];
[c, 1, 0, 0]->[x];
[c, 1, 0, 1]->[x];
[c, 1, 1, 0]->[x];
[c, 1, 1, 1]->[x];
END
```

3. 完成后,存盘退出。

4. 仍旧选择测试矢量源文件,双击"Functional Simulation"过程,进行功能仿真。

5. 进入"Simulation Control Panel"窗口,单击"Tools→Waveform Viewer",打开波形观测器准备查看仿真结果。

6. 为了查看波形,必须在"Simulation Control Panel"窗口的"Signals"菜单中选择"Debug",使"Simulation Control Panel"窗口进入Debug模式。

7. 在Available Signals栏中选择"CLK、TOPIN1、TOPIN2、TOPIN3、TOPOUT"信号,并单击"Monitor"按钮,使这些信号名都可以在波形观测器中观察到。再单击"RUN"按钮进行仿真,结果如附图4.36所示。

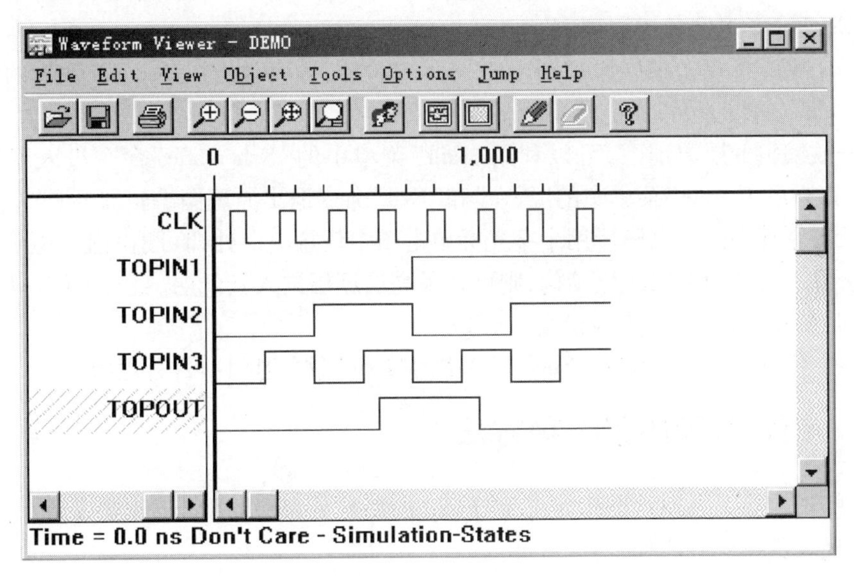

附图4.36 仿真结果

8. 在步骤4中,如双击"Timing Simulation"过程,即可进入时序仿真流程,仿真步骤与功能仿真相同。

八、把设计适配到Lattice器件中

现已完成原理图和 ABEL 语言的混合设计及其仿真，剩下的步骤只是将设计放入 Lattice ispLSI 器件中。因已在附 4.1 节中选择了器件，所以可以直接执行下面的步骤：

1. 在源文件窗口中选择“ispLSI1032E－70LJ84”器件作为编译对象，并注意观察对应的处理过程。

2. 双击处理过程“Fit Design”。使项目管理器完成对源文件的编译，然后连接所有的源文件，最后进行逻辑分割、布局和布线，将设计适配到所选择的 Lattice 器件中。

3. 当这些都完成后，可双击“ispEXPERT Compiler Report”，查看设计报告和有关统计数据。

4. 现已完成了设计例子，且用户已掌握了 ispLEVER 的主要功能。

九、层次化操作方法

层次化操作是 ispEXPERT 系统项目管理器的重要功能，它能够简化设计的操作。

1. 在项目管理器的源文件窗口中，选择最顶层原理图“op. sch”。此时在项目管理器右边的操作流程清单中必定有 Navigation Hierarchy 过程。

2. 双击“Navigation Hierarchy”过程，即会弹出最顶层原理图“op. sch”。

3. 选择“View”菜单中的“Push/Pop”命令，光标就变成十字形状。

4. 用十字光标单击顶层原理图中的“abeltop”符号，即可弹出描述 abeltop 逻辑的文本文件“abeltop. abl”。此时可以浏览或编辑 ABEL HDL 设计文件。浏览完毕后单击“File”菜单中的“Exit”命令退回顶层原理图。

5. 用十字光标单击顶层原理图中的“demo”符号，即可弹出描述 demo 逻辑的低层原理图“demo. sch”。此时可以浏览或编辑低层原理图。

6. 若欲编辑低层原理图，可以利用“Edit”菜单中的“Schematic”命令进入原理图编辑器。编译完毕后用“File”菜单中的“Save”和“Exit”命令退出原理图编辑器。

7. 低层原理图浏览完毕后用十字光标单击图中任意空白处即可退回上一层原理图。

8. 若某一设计为多层次化结构，则可在最高层逐层进入其低层，直至最低一层；退出时亦可以从最低层逐层退出，直至最高一层。

9. 层次化操作结束后单击“File”菜单中的“Exit”命令退回项目管理器。

十、锁定引脚的另一种方法

引脚的锁定除了在原理图中定义 I/O Pad 的属性外，还可用引脚锁定文件（＊. ppn）的形式来实现。其操作方法如下：

1. 按照规定的格式建立引脚锁定文件：

【引脚名称】　【引脚属性】　【引脚编号】

以下为引脚锁定文件实例——PIN LOCK. PPN：

```
TOPIN1      IN      26
TOPIN2      IN      27
TOPIN3      IN      28
```

TOPOUT	OUT	29
CLK	IN	30

2. 在源文件窗口中选择一种具体的器件,如“ispLSI 1032E－70LJ84”,然后在处理过程窗口中选择“Fit Design”功能,此时位于窗口下方的 Properties 按钮就被激活。

3. 单击“Properties”按钮,打开控制参数编辑对话框。

4. 在控制参数编辑对话框中找到“Pin File Name”行,单击该行使之进入编辑方式,然后在输入栏中键入参数文件名称“PIN LOCK. PPN”,并确认。

5. 单击控制参数对话框中的“Close”按钮,关闭对话框。

至此就可以用引脚锁定文件来控制适配器的编译,而原理图中原来锁定的引脚无效。锁定效果在器件编译完成后通过 ispEXPERT Compiler Report 反映出来。

ispLSI 1016 和 ispLSI 2032 两种器件的 Y1 端是功能复用的。如果不加任何控制,适配软件在编译时将 Y1 默认为是系统复位端口(RESET)。若欲将 Y1 端用作时钟输入端,必须通过编译器控制参数来进行定义。

1. 建立描述 Y1 功能的参数文件 Y1 AS CLK. PAR。

Y1 AS RESET OFF　END

2. 在源文件窗口中选择一种具体的器件,如“ispLSI 2032－150TQFP44”,然后在处理过程窗口中选择“Fit Design”功能,此时位于窗口下方的 Properties 按钮被激活。

3. 单击“Properties”按钮,打开控制参数编辑对话框。

4. 在控制参数编辑对话框中找到“Parameter File Name”行,单击该行使之进入编辑方式,然后在输入栏中键入参数文件名称“Y1 AS CLK. PAR”,并确认。

5. 单击控制参数对话框中的“Close”按钮,关闭对话框。

至此就将 Y1 端口定义成了时钟输入端,因而在逻辑设计中允许将某个时钟输入端锁定到 Y1 端口上,否则编译过程就会出错。

附 4.5　ispEXPERT 系统中 VHDL 和 Verilog 语言的设计方法

除了支持原理图输入外,商业版的 ispEXPERT 系统中提供了 VHDL 和 Verilog 语言的设计入口。用户的 VHDL 或 Verilog 设计可以经 ispEXPERT 系统提供的综合器进行编译综合,生成 EDIF 格式的网表文件。然后可进行功能或时序仿真,最后进行适配,生成可下载的 JEDEC 文件。

一、VHDL设计输入的操作步骤

1. 在 ispLEVER Project Navigator 主窗口中,选择“File→New Project”菜单建立一个新的工程文件,此时会弹出如附图 4.37 所示的对话框,请注意:在该对话框中的 Project Type 栏中,必须根据设计类型选择相应的工程文件的类型。本例中,选择 VHDL 类型。若是Verilog 设计输入,则选择 Verilog HDL 类型。将该工程文件存盘为 demov. syn。

2. 在 ispLEVER Project Navigator 主窗口中,选择“Source→New”菜单。在弹出的“New Source”对话框中,选择“VHDL Module”类型。

3. 此时,会产生一个如附图 4.38 所示的“New VHDL Source”对话框。在对话框的各栏

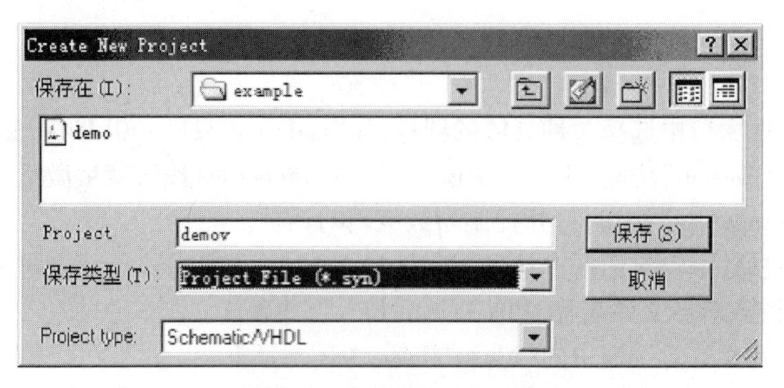

附图 4.37 新建 VHDL 工程

中,分别填入如附图 4.38 所示的信息。按单击“OK”按钮后,进入文本编辑器——Text Editor 编辑 VHDL 文件。

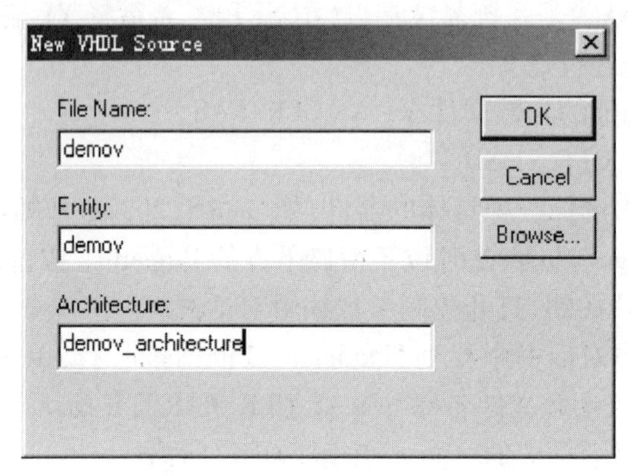

附图 4.38 新建 VHDL 对话框

4. 在 Text Editor 中输入如下的 VHDL 设计,并存盘。

```
library ieee;
use ieee.std_logic_1164.all;
entity demov is
  port (A,B,C,D,CK:in std_logic;
        OUTP:out std_logic);
  end demov;
architecture demov_architecture of demov is
  signal INF:std_logic;
  begin
  Process(INF,CK)
    begin
      if(rising_edge(CK))then
      OUTP <= INF;
      end if;
    end process;
      INF <= (A and B) or (C and D);
```

end demov_architecture;

此 VHDL 设计所描述的电路与附4.1节所输入的原理图相同，只不过将输出端口 OUT 改名为 OUTP（因为 OUT 为 VHDL 语言保留字）。

5. 此时，在 ispLEVER Project Navigator 主窗口左侧的源程序区中，demov.vhd 文件被自动调入。单击源程序区中的"ispLSI5256VE－165LF256"，选择"ispLSI 1032E－70LJ84"，此时的 ispLEVER Project Navigator 主窗口如附图4.39所示。

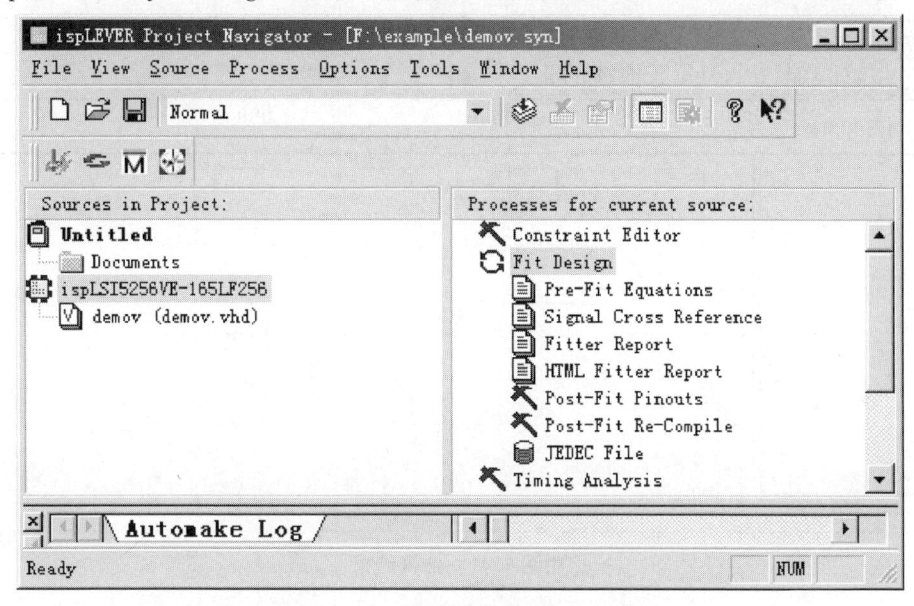

附图4.39　添加资源后的项目管理器

6. 双击主窗口右侧的"Fit Design"，对 demov.vhd 文件进行编译、综合。在此过程结束后，会出现如附图4.40所示窗口。

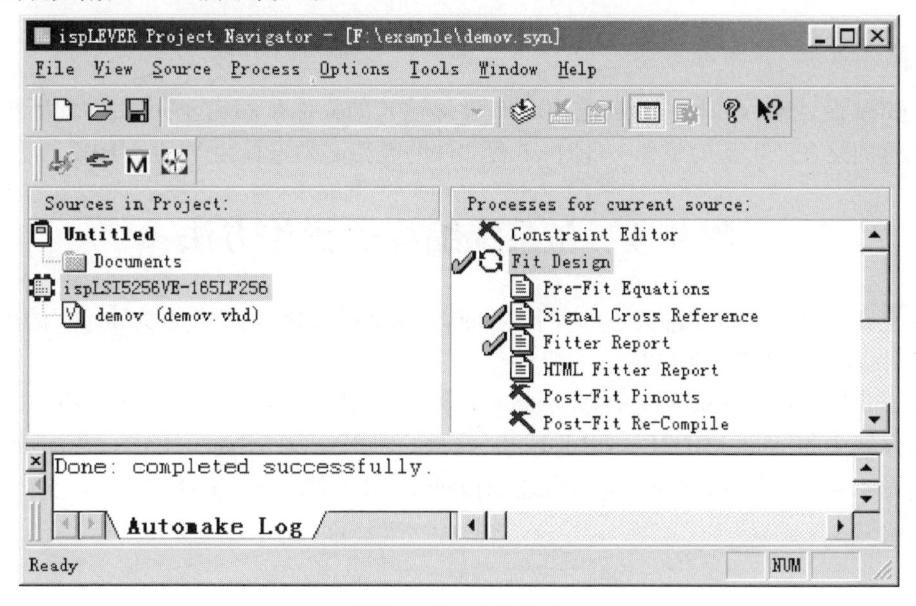

附图4.40　编译项目

若整个编译、综合过程无错误,在一些文件前会出现绿钩。若在此过程中出错,双击上述 ispLEVER Project Navigator 窗口中 Automake Log 栏中的红色项,进行修改并存盘,然后仍然双击 Processes for current source 栏中的"Fit Design"重新编译。

7. 在通过 VHDL 综合过程后,可对设计进行功能和时序仿真。仿真过程和附 4.3 节的原理图仿真过程一样。仿真波形如附图 4.41 所示。

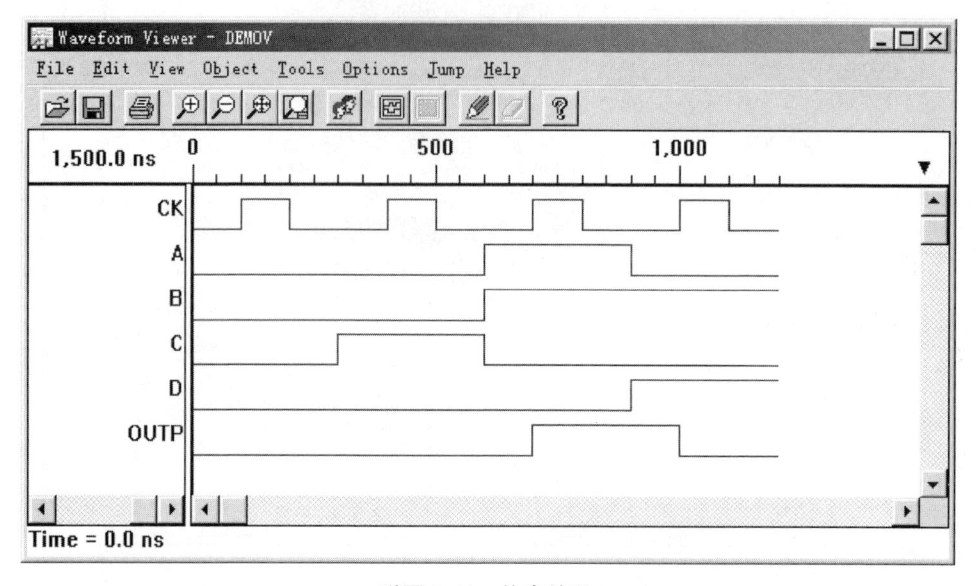

附图 4.41 仿真结果

8. 在 ispLEVER Project Navigator 主窗口中选中左侧的"ispLSI 1032E - 70LJ84"器件,双击右侧的"Fit Design"栏,进行器件适配。该过程结束后会生成用于下载的 JEDEC 文件demov. jed。

二、Verilog设计输入的操作步骤

Verilog 设计输入的操作步骤与 VHDL 设计输入的操作步骤完全一致,在此不再赘述。需要注意的是在产生新的工程文件时,工程文件的类型必须选择为 Verilog HDL。

附 4.6 在系统编程的操作方法

假定在 D 盘 demov 文件夹下已有名为 demov. vhd 的文件,则新建名为 demov 的项目,并选择器件 ispLSI1032E - 70LJ84。

在 ispEXPERT System Project Navigator 主窗口左侧单击右键,调入 demov. vhd 文件。单击源程序区中的"ispLSI1032E - 70LJ84"栏,此时的 ispEXPERT System Project Navigator 主窗口如附图 4.42 所示。按照附 4.5 节所述,对 demov. vhd 文件进行编译、综合、仿真。

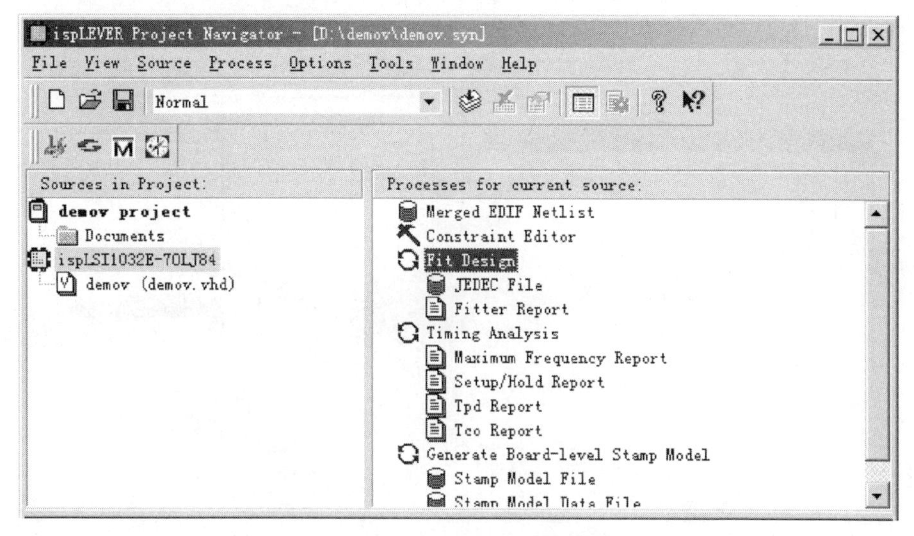

附图 4.42 项目界面

以下介绍管脚锁定和下载的方法。

1. 在 ispEXPERT System Project Navigator 主窗口中,双击右侧的"Constraint Editor",系统弹出如附图 4.43 所示"Constraint Editor"对话框。

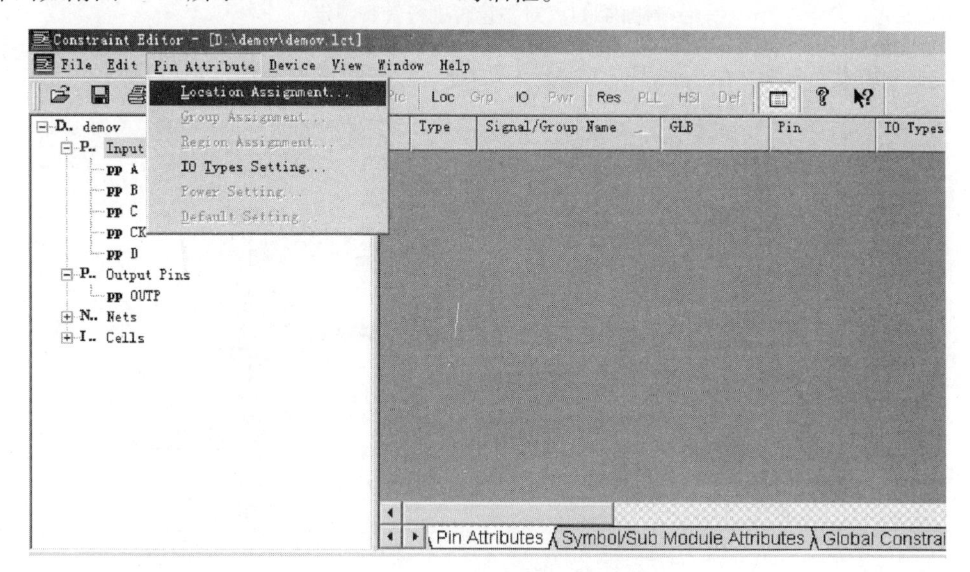

附图 4.43 Constraint Editor 界面

2. 选择"Pin Attribute→Location Assignment"菜单,进行管脚锁定。

3. 由于之前已经选定了目标芯片 ispLSI1032E－70LJ84,Assignment 中直接列出了管脚号与对应的输入输出类型,以便用户选择。可在未锁定管脚列表"Signals"区看到在该设计中的输入/输出信号,若希望将输入信号"CK"锁定在 ispLSI1032E－70LJ84 的 66 号管脚,只需在 Signals 中选中"CK",在 Assignment 中选中"66 C"(C 表示该管脚为时钟信号输入端),单击"Add"按钮,如附图 4.44 所示。

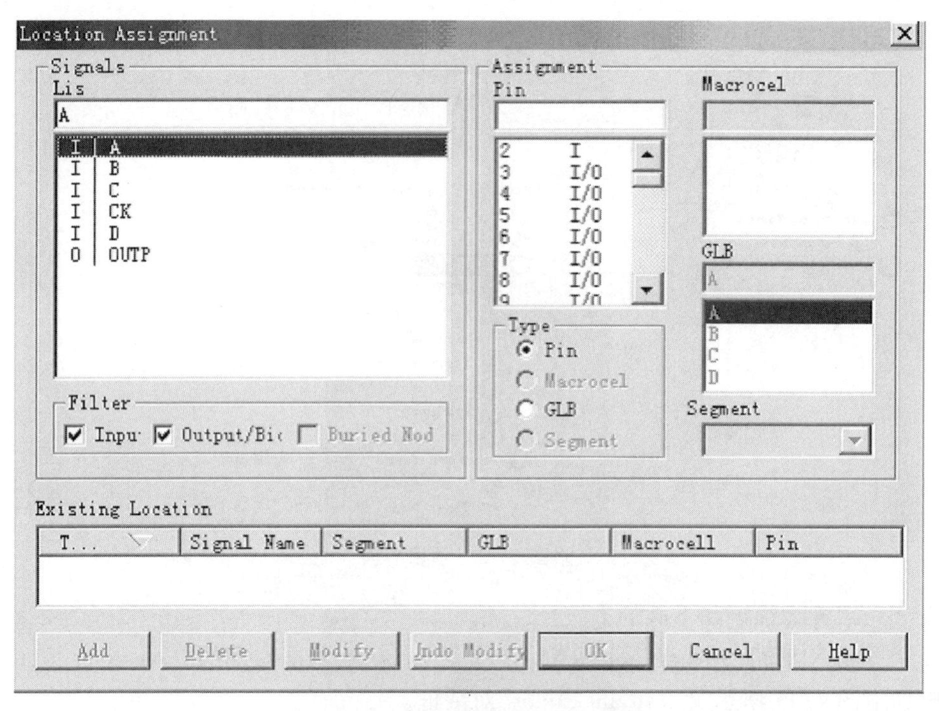

附图 4.44　对各管脚进行管脚锁定

其他可仿此法锁定:A—39,B—38,C—37,D—36,如附图 4.45 所示。

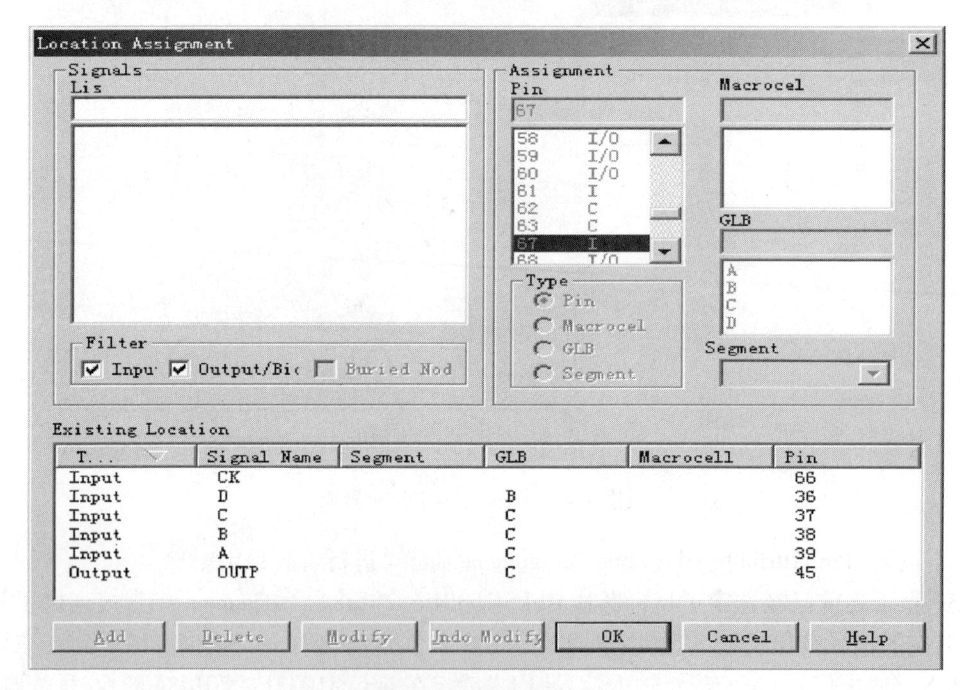

附图 4.45　管脚锁定完成

4. 锁定管脚后,保存退出。

5. 启动 ispVM System,如附图 4.46 所示。

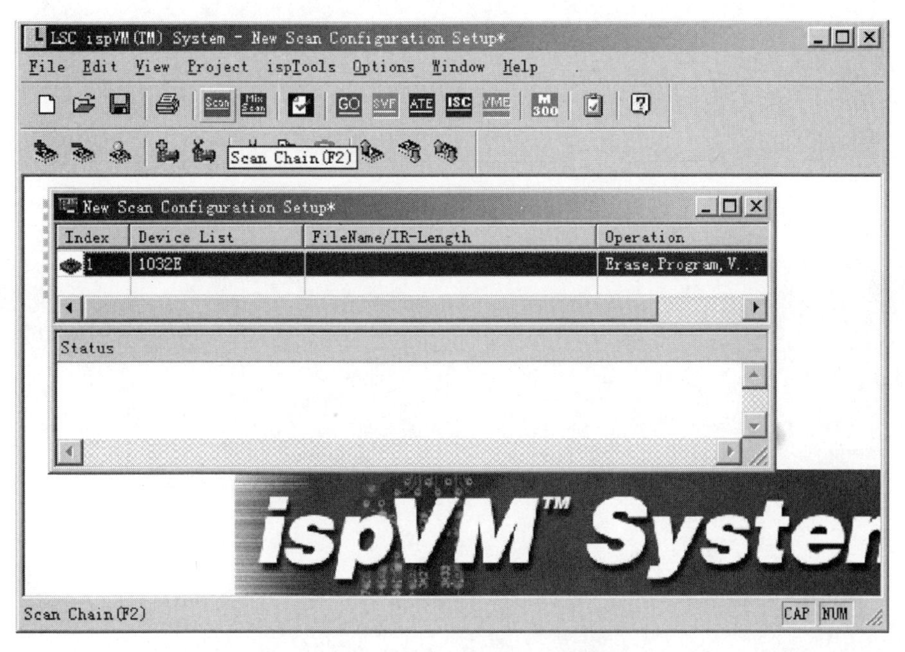

附图 4.46　ispVM System 界面

点击 Scan 扫描下载芯片。双击扫描到的 1032 芯片，打开"Device Information"对话框，单击"Browse"，选定要下载的 jed 文件，本例为 D:\demov\demov.jed，如附图 4.47 所示。

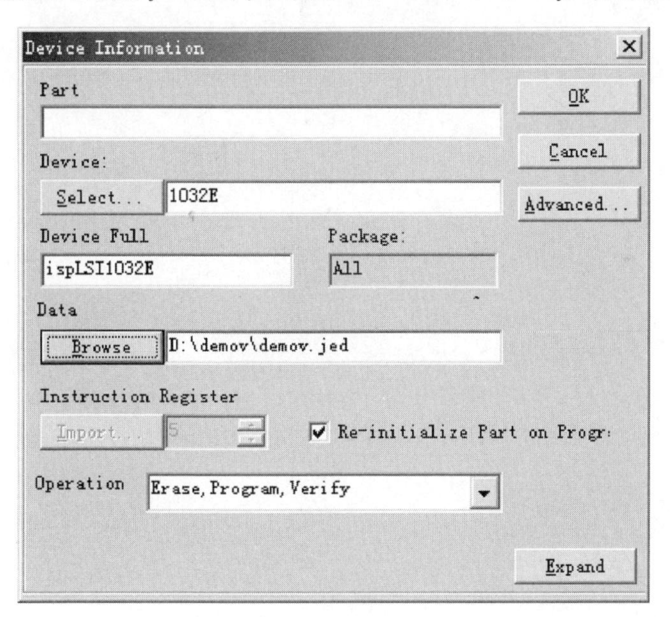

附图 4.47　选择 jed 文件

6. 单击"OK"按钮，回到 ispVM System。

7. 单击工具栏中的"GO"，执行下载，如附图 4.48 所示。

下载完成后，进程显示自动关闭。

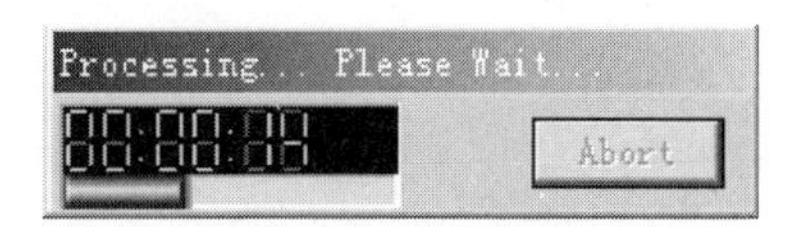

附图 4.48　下载显示